FEUERWEHREN

FEUERWEHREN

HISTORISCHE DOKUMENTE

UDO PAULITZ

Schrader Verlag

Einbandgestaltung: Katja Draenert
unter Verwendung von Unterlagen aus dem Archiv des Autors.

ISBN 3-613-87217-X

1. Auflage 2001

Lektorat: Halwart Schrader, Joachim Kuch
Innengestaltung: Katharina Jüssen
Repro: digi bild reinhardt, 73037 Göppingen
Druck und Bindung: Fotolito LONGO, I-39100 Bozen
Printed in Italy

INHALT

MERCEDES-BENZ
METZ-FEUERWEHR-FAHRZEUGE
TYP
LF 3500
und
LF 5000

ZU DIESEM BUCH

Mit dem Beginn des 20. Jahrhunderts nahm die Feuerwehrmotorisierung ihren Anfang. Hier setzt auch der zeitlich Rahmen ein, der mit einer Fülle bemerkenswerter werblicher Dokumente den Feuerwehrfahrzeugbau in Deutschland in unterschiedlichen Blickwinkeln zeigt und die Vielfalt des Angebots bis zum Beginn der siebziger Jahre deutlich macht.

Schon vor dem Ersten Weltkrieg war die Entscheidung zugunsten des benzinmotorischen Antriebs gefallen; Dampf- und Elektrowagen hatten keine Chance. Die folgenden Jahre waren geprägt von einer stetigen Fortentwicklung und Verbesserung der Konstruktionen, sowohl hinsichtlich der Zuverlässigkeit des Antriebssystems als auch der Feuerwehrtechnik selbst. Zahlreiche in ihren Grundzügen noch heute gültigen Konstruktionsmerkmale stammen aus früher Zeit, zum Beispiel die Sicherheitseinrichtungen bei Drehleitern. Gab es vor 1914 noch viele auch sehr kleine Ausrüster, so führte schließlich die Weltwirtschaftskrise dazu, dass die meisten Anbieter ihre Fertigung einstellten und nur die größeren Firmen der Branche überlebten.

Ab Mitte der dreißiger Jahre wurden Feuerwehrfahrzeuge mit geschlossenen Mannschafts- und Geräteräumen die Regel. In jener Zeit setzten auch umfassende Standardisierungsbestrebungen in der Herstellung von Fahrzeugen und Geräten ein, die durch staatlich angeordnete Luftschutzmaßnahmenen noch forciert wurden. Gleichzeitig wuchs die Zahl der Spezial- und Sonderfahrzeuge, zum Beispiel von Gas(Atem)schutzwagen, Rüstkraftwagen und Flugfeldlöschfahrzeugen, deren Entwicklung ein kaum überschaubares Ausmaß angenommen hat.

Während des Zweiten Weltkrieges kam es zu einer Massenproduktion nur weniger, weitgehend vereinheitlichter Löschfahrzeugtypen sowie Drehleitern. Die ersten Jahre nach dem Krieg waren dann auch bei den Feuerwehren durch erhebliche Materialknappheit und noch mehr durch Improvisation auf allen Gebieten geprägt. Doch schon bald konnten die beiden Hauptanbieter für Feuerwehraufbauten, die Firmen Metz und Magirus, und auch die Fahrgestellindustrie mit vielen neu konstruierten Produkten aufwarten. Zu Beginn der fünfziger Jahre kamen viele neue Anbieter wie etwa die Firmen Ziegler, Bachert, Heines und Graaff auf den Markt, so dass mit der Zeit ein stetig zunehmender Konkurrenzdruck entstand.

In den hierauf folgenden Jahren des »Wirtschaftswunders« setzte eine umfangreiche Beschaffungswelle neuer Fahrzeuge ein. Zum einen mussten viele durch den Krieg entstandene Lücken in den Fuhrparks gefüllt werden, andererseits galt es, teilweise überalterte Fahrzeuge zu ersetzen. Diese Phase war Ende der sechziger Jahre abgeschlossen.

Diese hier in groben Zügen geschilderte Entwicklung wird durch die Vielzahl des in diesem Buch vorgelegten Prospektmaterials verdeutlicht. Es sind Dokumente, die den Zeitgeist, aus dem sie stammen, widerspiegeln und die Gesamtsituation erahnen lassen, sei es durch schlicht und sachlich aufgemachte Informationsblätter aus den ersten Nachkriegsjahren oder durch in künstlerischer Gestaltung dargebotene Werbedrucksachen aus der Wirtschaftswunderzeit.

Historische Originalprospekte gelten seit langem als gesuchte Sammelobjekte und sind heute – wenn überhaupt – nur noch mit viel Glück zu finden. So gesehen, füllt das vorliegende Werk sicher eine seit langem bestehende Lücke.

Diese Dokumentation beschränkt sich nicht auf die großen Hersteller von Feuerwehrfahrzeugen, sondern lässt auch viele kleinere, heute in Vergessenheit geratene Anbieter einfließen. Bei der Auswahl waren sowohl optische Kriterien als auch die Seltenheit der Dokumente relevant. Dadurch entstand ein markenübergreifender Querschnitt, dessen Zusammensetzung sich eher subjektiv gestaltete.

Ich hoffe, dass die Mehrzahl der Leser mit der hier vorgelegten Substanz zufrieden ist und wünsche viel Spaß bei der Lektüre.

Udo Paulitz

Rechts: *Nach dem Zweiten Weltkrieg nahm die Firma Gebr. Bachert in Friedrichshall-Kochendorf den Bau von Feuerwehrfahrzeugen auf. Die Titelseite dieses frühen Werbeprospektes zeigt die stilisierte Darstellung eines Tanklöschfahrzeuges TLF 15 auf Mercedes-Benz LF 3500-Fahrgestell, das sich auf Alarmfahrt zu einem völlig in Flammen gehüllten Bergdorf befindet.*

Links: *Die Innenseiten dieses Prospektes informieren über die lieferbaren Fahrzeuge und Geräte und dokumentieren den Entwicklungsstand dieses Unternehmens zu Beginn der fünfziger Jahre. Es ist beachtenswert, dass sich Bachert schon frühzeitig durch die Fertigung von Ganzstahlaufbauten einen Namen machte. Die Zweisprachigkeit weist auf die – zumindest versuchten – Exportbemühungen hin.*

Unten: *Auch in Feuerwehr-Fachzeitschriften machte Bachert auf seine Produkte aufmerksam. Hier eine Anzeige von etwa 1958, die das allradgetriebene TLF 16 auf dem kurzen Mercedes-Benz-Fahrgestell LAF 311/36 vorstellt. Beachtenswert ist die Ausrüstung des Fahrzeugs mit einstöckigen Auer-Kennleuchten auf dem Dach des Fahrerhauses.*

Oben: *Auch Feuerwehrleitern, sowohl in Ganzstahl- als auch in stahlarmierter Holzausführung, hatte Bachert damals im Programm. Neben den einachsigen Anhängeleitern war die DL-18-Ausführung auf Opel-Blitz-1,75-t-Chassis – wie hier abgebildet – häufig bei kleineren Wehren zu finden.*

Oben: *Als die Berufsfeuerwehren Hamburg und Mannheim Ende der fünfziger Jahre daran gingen, ihre Fahrzeugbestände zu erneuern, erhielt Bachert den Zuschlag, eine größere Zahl Feuerwehrfahrzeuge in der von Daimler-Benz neu angebotenen Frontlenkerbauweise (Pullman) zu liefern. Es war naheliegend, diesen Erfolg - wie die Anzeige dokumentiert - auch für die Werbung zu nutzen.*

„BACHERT"-Löschgruppenfahrzeug LF 16

Es handelt sich hierbei um ein Löschfahrzeug zur Aufnahme einer Löschgruppe (1 + 8) und der feuerwehrtechnischen Beladung. Es besitzt einen Löschwasserbehälter mit einem nutzbaren Löschwasservorrat von 800 l und eine im Fahrzeugheck fest eingebaute „BACHERT"-AUTOMATIC-Feuerlösch-Kreiselpumpe FP 16/8. Das Fahrzeug ist mit einer Schnellangriffseinrichtung versehen, durch die über die Pumpe sofort Wasser aus dem eingebauten Löschwasserbehälter gegeben werden kann. Die mitgeführte Wassermenge ermöglicht nach Eintreffen am Brandplatz ein sofortiges Wassergeben und ist ausreichend für die Zeit, die zum Aufbau der für eine umfassende Brandbekämpfung erforderlichen Schlauchleitungen benötigt wird.

Das Löschgruppenfahrzeug LF 16 ist besonders geeignet für Städte und Gemeinden mit städtischem Charakter, in denen die Wasserversorgung durch ein Wasserleitungsnetz sichergestellt ist.

Der Aufbau

„BACHERT"-Löschgruppenfahrzeuge LF 16 können auf jedem geeigneten Fahrgestellfabrikat aufgebaut werden. Als Antriebsart kann wahlweise Straßen- oder Allradantrieb verwendet werden. Die auf Grund jahrzehntelanger Erfahrungen verwendete Aufbaukonstruktion zeichnet sich aus durch Solidität und ist härtesten Beanspruchungen bei Geländeeinsätzen gewachsen. Sämtliche Geräteräume sind mit Innenbeleuchtung versehen und besitzen eine stoßsichere und gegen Feuchtigkeit unempfindliche Innenverkleidung. Zur Vermeidung von Feuchtigkeitsschäden sind die Innenverkleidungen der Geräteraumtüren und des Mannschaftsraums mit Belüftungsöffnungen versehen. Im Mannschaftsraum werden moderne körperformgerechte Schalensitze mit Rückenlehnen verwendet, die auch in Kurven ein bequemes, rutschsicheres Sitzen ermöglichen. Die Deckenverkleidung der Kabine aus schallschluckendem Material kommt einer ungestörten Funksprechverständigung bei laufendem Motor zugute. Eine ungeteilte Windschutzscheibe und je 3 Seitenfenster auf beiden Seiten bieten dem Fahrer beste Sichtverhältnisse im Straßenverkehr. Der feuerverzinkte Löschwasserbehälter besitzt 3-Punktlagerung. Sämtliche Geräte der feuerwehrtechnischen Beladung sind für den Einsatz zweckmäßig zusammengefaßt untergebracht und in den Halterungen sicher gelagert. Alle Geräte liegen übersichtlich griffbereit und können schnell entnommen werden.

Im Interesse der technischen Weiterentwicklung sind Änderungen in Konstruktion und Ausführung gegenüber den hier gemachten Angaben und Abbildungen vorbehalten.

Diese Seite und links unten:
Nachdem Daimler-Benz Ende der fünfziger Jahre die neue Kurzhaubenbauform für mittelschwere Nutzfahrzeuge vorgestellt hatte, fanden die Fahrgestelle mit der gerundeten Frontpartie auch im Feuerwehrfahrzeugbau Verwendung. Mit dem hier abgebildeten Werbeprospekt aus dem Jahres 1964 stellte Bachert seine Version als Löschgruppenfahrzeug LF 16 auf Mercedes-Benz LF 1113 vor.

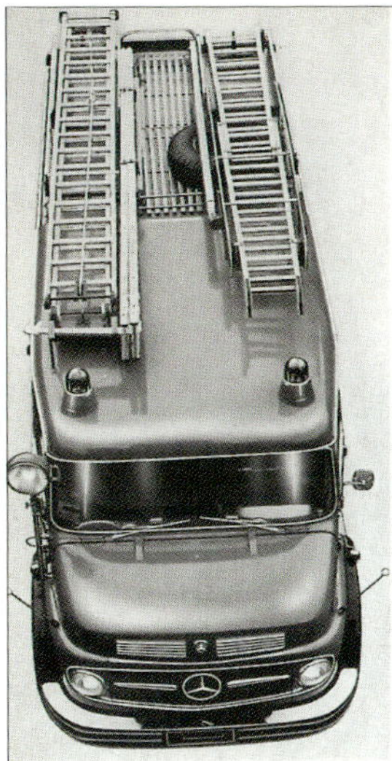

Am Fahrzeugheck befindet sich eine klappbare Auftrittleiter zum Besteigen des Daches. Der breite Mittelgang auf dem Dach dient der unfallsicheren Entnahme der Leitern. Der Pumpenbedienungsstand ist durch eine Doppelflügeltüre zugänglich, deren Türflügel im geöffneten Zustand nicht über die Fahrzeugbreite hinausragen.

Die an der Dachoberkante des Hecks angebrachten zusätzlichen Blinkleuchten vergrößern den Schutz gegen Auffahrunfälle.

Auf Wunsch kann folgende Ausstattung zusätzlich geliefert werden:

A-Sauganschluß, vorn
4 B-Druckabgänge
Drehzahlmesser und Betriebsstundenzähler für Pumpe
Elektrische Tankheizung

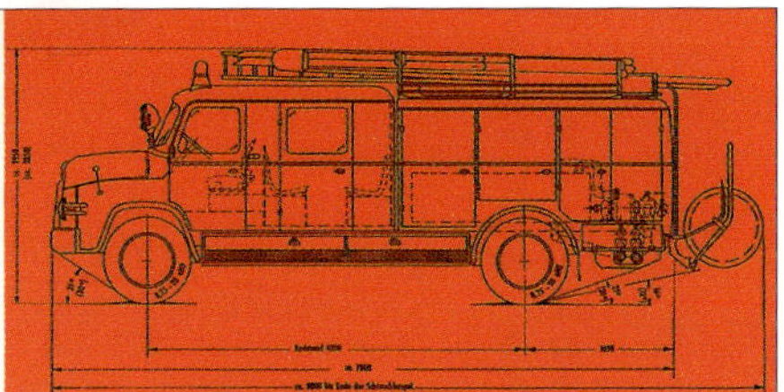

Klammermaße gelten für MAN-Fahrgestell 450 H-LF (ohne Allrad). Breite ca. 2350

Bevorzugen Sie BACHERT-Erzeugnisse. Sie sind einsatzbewährte Qualitätsarbeit und werden lange dem neuesten technischen Entwicklungsstand entsprechen.

Vorteile, die wir bieten:

Aufbau in bewährter, vollkommen geschlossener Ganzstahlbauweise.
Erstklassige Verarbeitung der Karosserie, dauerhafte Mehrschichtenlackierung.
Fahrer- und Mannschaftsraum mit schallschluckender Deckenverkleidung für ungestörte Funksprechverständigung.
Gute Sicht im Straßenverkehr durch ungeteilte Windschutzscheibe und je 3 Seitenfenster.
Neuartige körperformgerechte Schalensitze mit Rückenlehnen.
Motorunabhängige Zusatzheizung gemäß den neuesten Normvorschriften für Fahrer-, Mannschafts- und Pumpenraum.
Alu-Stoßschienen an den unteren Kanten der Geräteräume zur Vermeidung von Lackbeschädigungen bei der Geräteentnahme.
2 zusätzliche Heckblinkleuchten zur Vermeidung von Auffahrunfällen.
Innen und außen feuerverzinkter Löschwasserbehälter mit großer rechteckiger Einstiegsöffnung.

Klammermaße gelten für Mercedes-Benz-Fahrgestell LF 1113/42 (ohne Allrad). Breite ca. 2400

Einträchtig nebeneinander stehen auf dieser Anzeige die von Bachert erstellten Tanklöschfahrzeuge TLF 16, sowohl auf dem allradgetriebenen MAN 415 H-LF-Chassis als auch auf Mercedes-Benz LAF 322/36, bei welchem ebenfalls alle vier Räder angetrieben wurden.

Im Jahre 1912 warben die aus der Süddeutschen Automobilfabrik hervorgegangenen Benzwerke in Gaggenau für ihren neuen »Auto-Feuerlöschzug«, einer Automobilspritze, die einen 45-PS-Vierzylinder-Vergasermotor besaß. Die vom Fahrzeugmotor über Vorgelege angetriebene Hochdruck-Zentrifugalpumpe erbrachte eine maximale Förderleistung von 1500 Liter pro Minute.

Links: *Die Bremer Carl F. W. Borgward GmbH konnte auf eine lange Tradition in der Nutzfahrzeugherstellung zurückblicken. In der Nachkriegszeit betätigte sich das Unternehmen ebenfalls als Fahrgestelllieferant für Feuerwehraufbauten. Diese etwa 1955/56 veröffentlichte Werbeanzeige in der Fachzeitschrift »Brandschutz« stellt die Produkte der Firma auf dem leichten B-2500-Chassis vor.*

Unten: *In Zusammenarbeit mit dem in Springe ansässigen Feuerwehrausrüster Arve wurde 1959 ein leichtes, handliches Frontlenker-Löschfahrzeug mit integrierter Vorbaupumpe als LF 8-TS vorgestellt, realisiert auf einem B 611-O-Fahrgestell. Es gehörte zur Verkaufspolitik des Unternehmens, dass Borgward Werbekampagnen, etwa wie hier durch diese Anzeige, direkt und zentral durchführte.*

BORGWARD

TLF 8

Feuerwehr-Tanklöschfahrzeug
auf BORGWARD B 2500 - Allrad

Die Unabhängigkeit von jeder ortsgebundenen Löschwasserquelle ist der große Vorteil des BORGWARD 2½ Tonnen Tanklöschfahrzeugs TLF 8. 1.700 Liter Löschwasser stehen in seinen elastischen Gummibehältern ständig zur Verfügung. Mit dieser Wassermenge sind zahlreiche kleinere und mittlere Brände sicher zu löschen. Großbrände werden eingedämmt und am Ausbreiten gehindert, bis aus Hydranten oder natürlichen Quellen genügend Löschwasser bereit ist. Wald- und Flächenbrände können im fahrenden Einsatz bekämpft werden. Das 2½ To TLF 8 ist schnell und beweglich. Mit seinem 82 PS 2,4 Liter Otto-Motor erreicht es eine Geschwindigkeit von ca. 90 km/h. Die Steigfähigkeit beträgt 40%. Allradantrieb und günstige Getriebeuntersetzungen sorgen dafür, daß Brandherde auch in schwierigstem Gelände schnell und sicher erreicht werden. Rahmen und Aufbau halten allen Verwindungen stand. Das Fahrerhaus bietet einem Drei-Mann-Löschtrupp Platz. Die technischen Vorzüge des TLF 8 finden ihre Ergänzung in der Wirtschaftlichkeit, der Unterhaltung und dem günstigen Anschaffungspreis.

Fahrerhaus:
3-sitziges Fahrerhaus · Fahrersitz verschiebbar · Fahrersitzrückenlehne verstellbar · 2 breite Beifahrersitze · Kombinierte Klima- und Defrosteranlage · 2 Einstiegtüren · Ungeteilte Windschutzscheibe · Alle Scheiben aus Sicherheitsglas · Schwenkfenster mit Feststeller zusätzlich in den Türen · Übersichtliche Anordnung der Instrumente (für Öldruck, Temperatur, Brennstoff, Druckluft, Geschwindigkeits- und Kilometerzähler) · Ablagekasten im Armaturenbrett · Scheibenwischer · 2 Rückspiegel · 2 Sonnenblenden rechte Fahrerhaustür verriegelbar · linke Fahrerhaustür verschließbar.

Aufbau:
Allseitig geschlossener formschöner Ganzstahl-Kofferaufbau · auf Gummi-Megikonen gelagert · 2 linke, 2 rechte und eine Rückwandtür · alle Türen lassen sich um 180° öffnen · ein großer Geräteraum im Koffer vorn links (gleichzeitig Reserveradfach).

Elektrische Anlage:
12 Volt-Anlage, 160-Watt-Lichtmaschine, 1 Batterie 12/135 Ah. · 2 Blaulichtblinkleuchten vorn an der Dachkuppel · 1 Leuchte im Fahrerhaus · 2 Pendelwinker · Blinklichtanlage hinten · 2 normale Scheinwerfer · sowie Schluß- und Stopplicht gemäß St.V.Z.O. Signalhorn · Arbeitsstellenscheinwerfer · eine Ladesteckdose · 5-polige Steckdose · 1 Blaulichtrelais · Kontaktinnenbeleuchtung der Geräteräume und des Pumpenbedienungsstandes.

BORGWARD

Vorzugsweise in Niedersachsen weit verbreitet waren in den fünfziger Jahren Tanklöschfahrzeuge vom Typ TLF 8 auf Borgward-Allrad-Fahrgestellen; sie hatte nahezu kein Konkurrenz. Das hier gezeigte, ebenfalls von Borgward herausgegebene Prospektblatt beschreibt ausführlich alle Vorzüge dieses voll geländetauglichen Fahrzeugs.

Oben: *Die in Braunschweig ansässigen Büssing-NAG-Werke hatten es nicht leicht, im Feuerwehrgeschäft nachhaltig Fuß zu fassen. Von seltenen Ausnahmen abgesehen, war diese Marke bei deutschen Feuerwehren kaum vertreten. In den dreißiger Jahren beschaffte die Berufsfeuerwehr Leipzig eine Reihe von schweren Fahrzeugen dieses Fabrikats. Das Titelblatt dieses 1936 entstandenen Prospekts setzt daher auch zwei Kraftfahrspritzen KS 25 vor dem Gebäude der Leipziger Hauptfeuerwache in Szene.*

Unten: *Dass Büssing zumindest versuchte, mit den Feuerwehren ins Geschäft zu kommen, beweist dieses auf den 5. September 1935 datierte Faksimileschreiben der Feuerwehrabteilung des Unternehmens an eine deutsche Berufsfeuerwehr.*

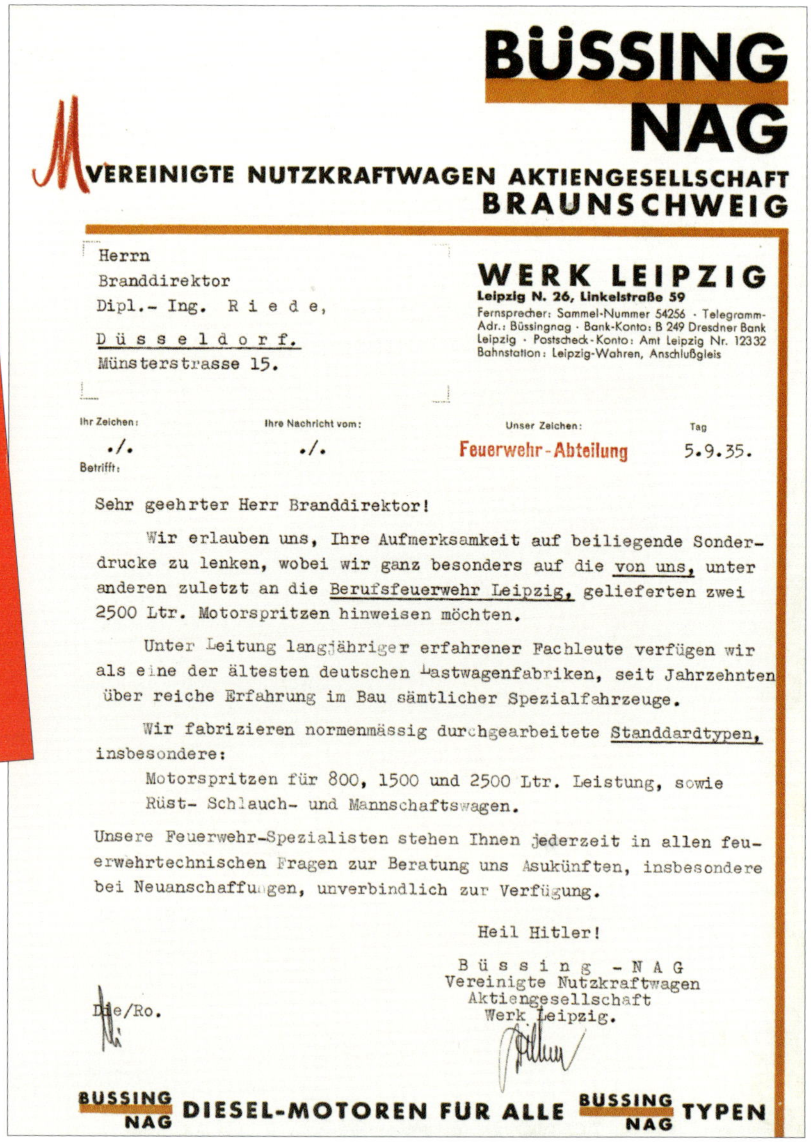

BÜSSING NAG

VEREINIGTE NUTZKRAFTWAGEN AKTIENGESELLSCHAFT BRAUNSCHWEIG

Herrn
Branddirektor
Dipl.- Ing. R i e d e,
D ü s s e l d o r f.
Münsterstrasse 15.

WERK LEIPZIG
Leipzig N. 26, Linkelstraße 59
Fernsprecher: Sammel-Nummer 54256 · Telegramm-Adr.: Büssingnag · Bank-Konto: B 249 Dresdner Bank Leipzig · Postscheck-Konto: Amt Leipzig Nr. 12332
Bahnstation: Leipzig-Wahren, Anschlußgleis

Ihr Zeichen:	Ihre Nachricht vom:	Unser Zeichen:	Tag
./.	./.	Feuerwehr-Abteilung	5.9.35.

Betrifft:

Sehr geehrter Herr Branddirektor!

Wir erlauben uns, Ihre Aufmerksamkeit auf beiliegende Sonderdrucke zu lenken, wobei wir ganz besonders auf die von uns, unter anderen zuletzt an die Berufsfeuerwehr Leipzig, gelieferten zwei 2500 Ltr. Motorspritzen hinweisen möchten.

Unter Leitung langjähriger erfahrener Fachleute verfügen wir als eine der ältesten deutschen Lastwagenfabriken, seit Jahrzehnten über reiche Erfahrung im Bau sämtlicher Spezialfahrzeuge.

Wir fabrizieren normenmässig durchgearbeitete Standdardtypen, insbesondere:
Motorspritzen für 800, 1500 und 2500 Ltr. Leistung, sowie
Rüst- Schlauch- und Mannschaftswagen.

Unsere Feuerwehr-Spezialisten stehen Ihnen jederzeit in allen feuerwehrtechnischen Fragen zur Beratung uns Asukünften, insbesondere bei Neuanschaffungen, unverbindlich zur Verfügung.

Heil Hitler!

B ü s s i n g - N A G
Vereinigte Nutzkraftwagen
Aktiengesellschaft
Werk Leipzig.

Die/Ro.

BÜSSING NAG DIESEL-MOTOREN FÜR ALLE BÜSSING NAG TYPEN

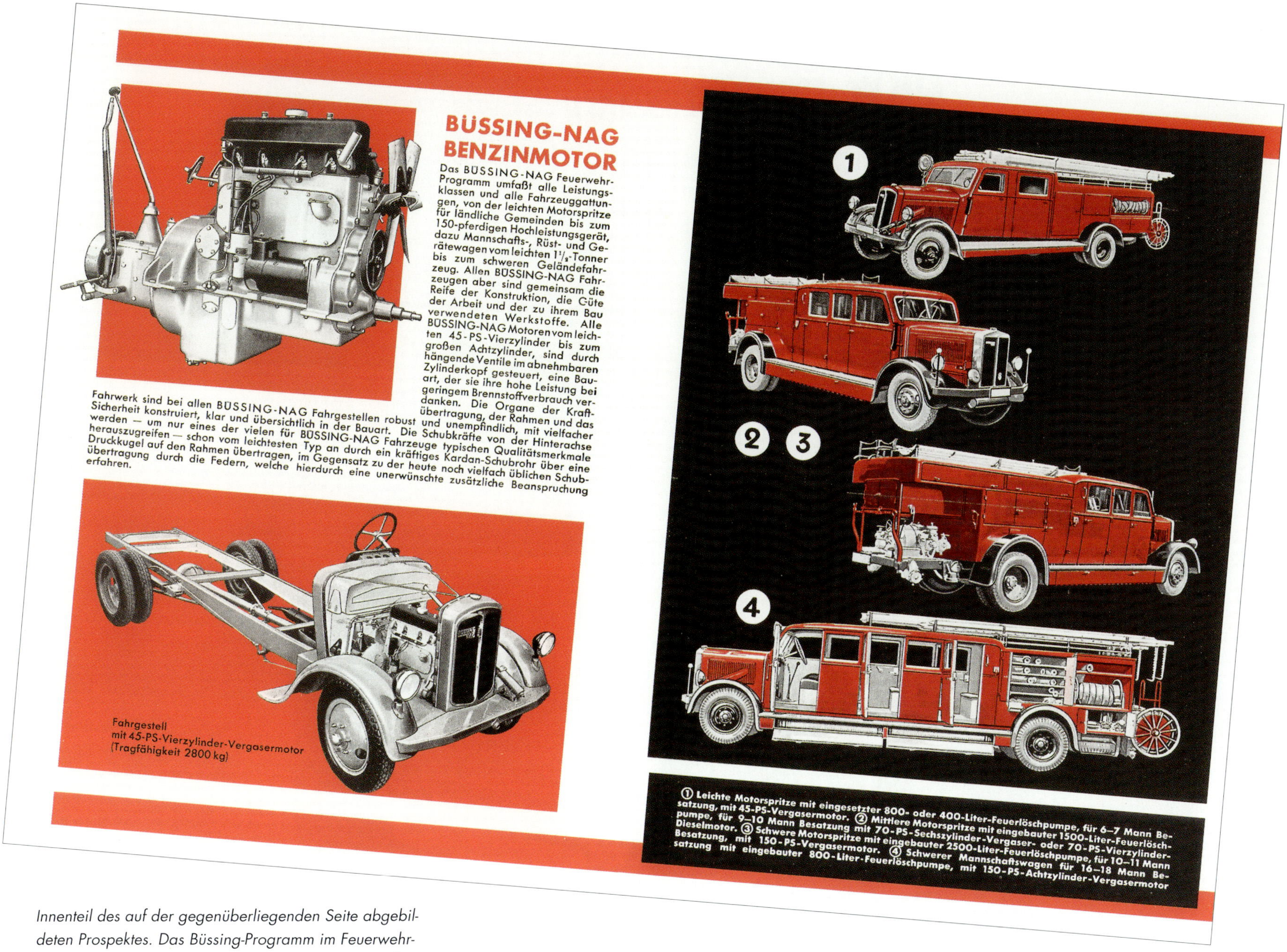

BÜSSING-NAG BENZINMOTOR

Das BÜSSING-NAG Feuerwehr-Programm umfaßt alle Leistungsklassen und alle Fahrzeuggattungen, von der leichten Motorspritze für ländliche Gemeinden bis zum 150-pferdigen Hochleistungsgerät, dazu Mannschafts-, Rüst- und Gerätewagen vom leichten 1½-Tonner bis zum schweren Geländefahrzeug. Allen BÜSSING-NAG Fahrzeugen aber sind gemeinsam die Reife der Konstruktion, die Güte der Arbeit und der zu ihrem Bau verwendeten Werkstoffe. Alle BÜSSING-NAG Motoren vom leichten 45-PS-Vierzylinder bis zum großen Achtzylinder, sind durch hängende Ventile im abnehmbaren Zylinderkopf gesteuert, eine Bauart, der sie ihre hohe Leistung bei geringem Brennstoffverbrauch verdanken. Die Organe der Kraftübertragung, der Rahmen und das Fahrwerk sind bei allen BÜSSING-NAG Fahrgestellen robust und unempfindlich, mit vielfacher Sicherheit konstruiert, klar und übersichtlich in der Bauart. Die Schubkräfte von der Hinterachse werden — um nur eines der vielen für BÜSSING-NAG Fahrzeuge typischen Qualitätsmerkmale herauszugreifen — schon vom leichtesten Typ an durch ein kräftiges Kardan-Schubrohr über eine Druckkugel auf den Rahmen übertragen, im Gegensatz zu der heute noch vielfach üblichen Schubübertragung durch die Federn, welche hierdurch eine unerwünschte zusätzliche Beanspruchung erfahren.

Fahrgestell
mit 45-PS-Vierzylinder-Vergasermotor
(Tragfähigkeit 2800 kg)

1

2 3

4

① Leichte Motorspritze mit eingesetzter 800- oder 400-Liter-Feuerlöschpumpe, für 6–7 Mann Besatzung, mit 45-PS-Vergasermotor. ② Mittlere Motorspritze mit eingebauter 1500-Liter-Feuerlöschpumpe, für 9–10 Mann Besatzung mit 70-PS-Sechszylinder-Vergaser- oder 70-PS-Vierzylinder-Dieselmotor. ③ Schwere Motorspritze mit eingebauter 2500-Liter-Feuerlöschpumpe, für 10–11 Mann Besatzung, mit 150-PS-Vergasermotor. ④ Schwerer Mannschaftswagen für 16–18 Mann Besatzung mit eingebauter 800-Liter-Feuerlöschpumpe, mit 150-PS-Achtzylinder-Vergasermotor

Innenteil des auf der gegenüberliegenden Seite abgebildeten Prospektes. Das Büssing-Programm im Feuerwehr-Segment konnte seinerzeit Fahrgestelle für nahezu alle Verwendungszwecke, sowohl für die leichten als auch für die schwersten Modelle, zur Verfügung stellen. Leider war diesen Bemühungen wenig Erfolg beschieden.

Die Auto Union GmbH in Ingolstadt brachte 1950 den mittels Zweitaktmotor angetriebenen DKW-Kleinlaster auf den Markt, der sich auch als Basis für einen Ambulanzwagen sowie als Feuerwehrfahrzeug in der TSF-Klasse eignete. Dieses Prospekt-Titelblatt aus dem Jahre 1956 zeigt die genannten Varianten des DKW-Schnelllasters 3=6 (F 800/3) mit seinem 32 PS starken Dreizylindermotor.

DKW FEUERLÖSCHWAGEN

„TSF–T"

Tragkraftspritzenfahrzeug mit Truppbesetzung 1/2

Drei Eigenschaften sind für einen Feuerlöschwagen wichtig: Stete Einsatzbereitschaft, Zuverlässigkeit und Schnelligkeit. Diese grundsätzlichen Forderungen erfüllt der DKW-Feuerlöschwagen in besonderem Maße!

Stete Einsatzbereitschaft garantiert die bei jeder Temperatur allbekannte Startfreudigkeit des DKW-Dreizylinder-Motors.

Zuverlässigkeit gewährleistet beim DKW-Feuerlöschwagen ebenso die robuste Bauweise des ventillosen Triebwerkes, wie die bestechende Straßenlage. Das Triebwerk ist ein Zweitakter, der bekanntlich auch bei rücksichtslosestem Einsatz nicht überfordert werden kann; in Bezug auf Straßenlage wird die Zuverlässigkeit durch typische DKW-Merkmale wie Frontantrieb, Einzelradaufhängung, gute Federung, und niedrige Schwerpunktlage unter Beweis gestellt.

Schnelligkeit verleiht dem DKW-Feuerlöschwagen der 32-PS-starke Dreizylinder-Motor. Die Spitzengeschwindigkeit beträgt 90 km/st. Sie kann bedenkenlos als Dauergeschwindigkeit gefahren werden. Darüber hinaus verfügt der DKW-Feuerlöschwagen über ein hervorragendes Anzugs- und Beschleunigungsvermögen, das gerade im Feuerlöschdienst von ausschlaggebender Wichtigkeit ist.

Besondere Vorzüge des DKW-Feuerlöschwagens sind:

- der große Innenraum,
- die übersichtliche und geordnete Einrichtung für die Unterbringung aller feuerwehrtechnischen Geräte laut vorgeschriebenem Beladeplan,
- die beiden breiten Flügeltüren (seitlich und im Heck
- das dadurch bedingte gleichzeitige und schnelle Entladen der Tragkraftspritze TS 8/8 sowie der Saug- und Druckschläuche.

Die Tragkraftspritze ruht im DKW-Feuerlöschwagen auf Gleitschienen. Auf ihnen läßt sie sich so weit herausziehen, bis die Spritze an den Holmen ergriffen und zum nächsten Wasseranschluß getragen werden kann.

Der Feuerwehrtrupp beim Einsatz

Mit sicheren Handgriffen heben die Wehrmänner die Tragkraftspritze schnell aus den Führungsschienen durch die breite Seitentür heraus.

Die Feuerlöschgeräte sind im Wageninnern in Spezial-lagerungen untergebracht. Sind Geräte bei der Wehr vorhanden, die den jetzigen Normen entsprechen, können sie ohne weiteres im DKW-Feuerlöschwagen verwendet werden.

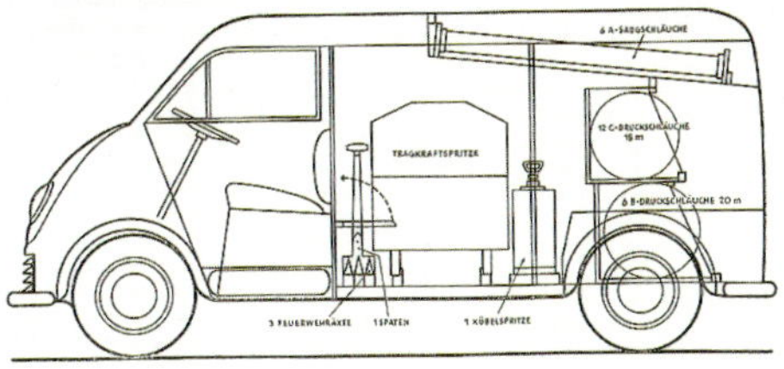

Noch während zwei Wehrmänner die Spritze in Stellung bringen, nimmt schon der dritte aus dem Heck des Wagens die Schläuche heraus und kuppelt sie ineinander. Alle Schläuche und Anschlußstücke sind übersichtlich und griffbereit untergebracht. Die breite, weit zu öffnende Hecktür erweist sich beim Einsatz als großer Vorteil, der kostbare Sekunden erspart.

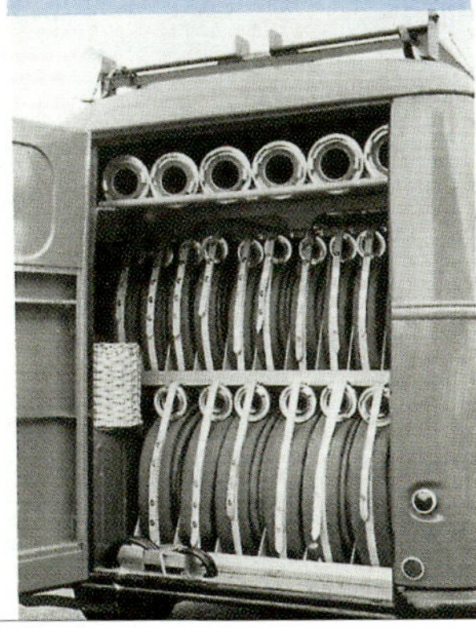

Die Innenseiten dieses Faltprospektes informieren ausführlich über die Einsatz- und Verwendungsmöglichkeiten des DKW-Feuerlöschwagens TSF-T.

Bis zur 1926 erfolgten Fusion zur Daimler-Benz AG wurde der Bau von Lastkraftwagen sowohl von Benz in Gaggenau als auch von der Daimler-Motoren-Gesellschaft in Berlin-Marienfelde betrieben. Letztere fertigte auch Fahrgestelle für Feuerwehraufbauten an. Diese von Daimler veröffentlichte Werbeanzeige wurde zu Beginn der zwanziger Jahre im Fachblatt »Feuerschutz« veröffentlicht.

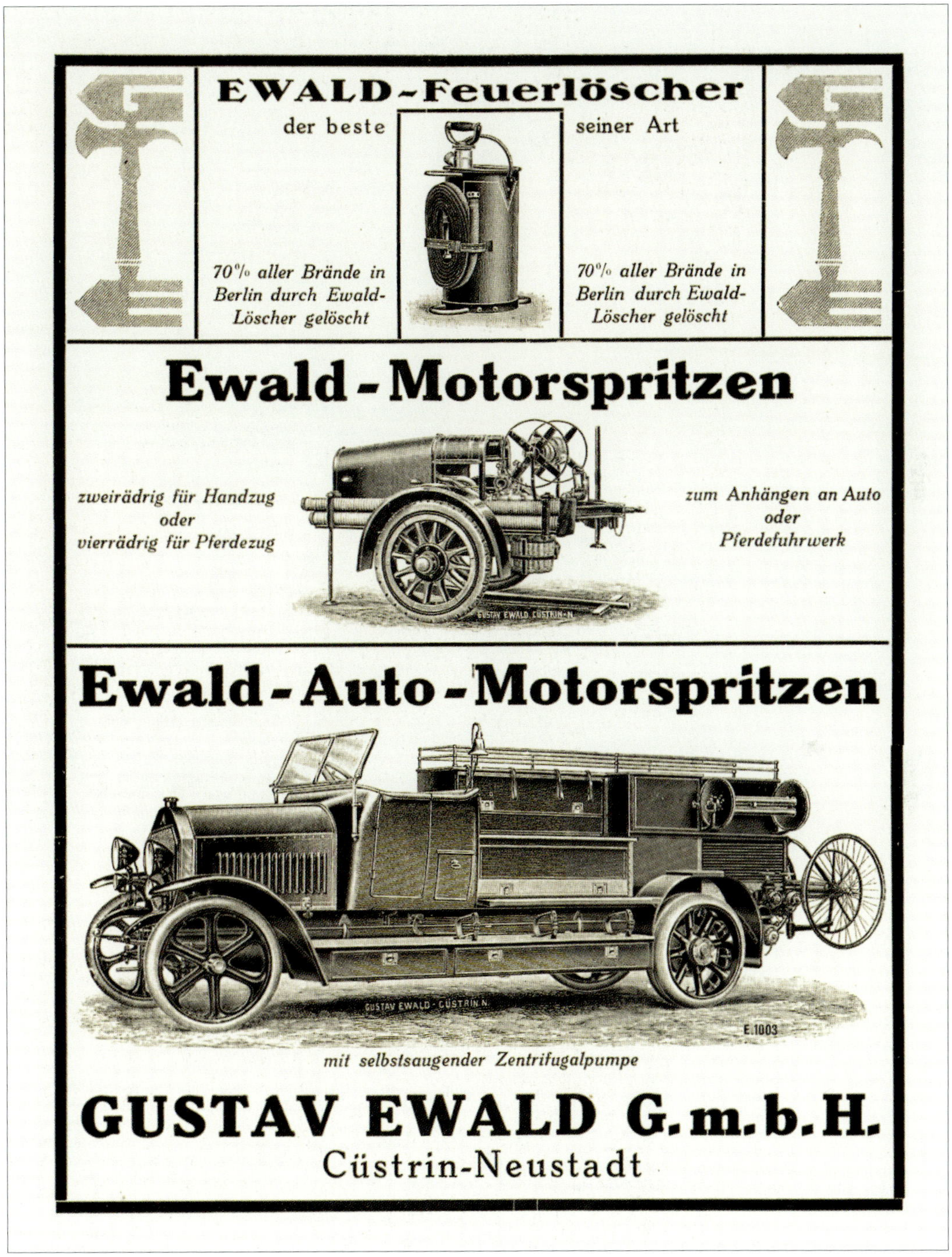

Bereits im Jahre 1868 wurde die Feuerwehrgerätefabrik Gustav Ewald in Küstrin gegründet, die sich bis zur Weltwirtschaftskrise Ende der zwanziger Jahre ebenfalls Feuerwehrfahrzeuge baute. Die abgebildete Anzeige, die für Ewald-Auto-Motorspritzen auf Daimler DC 3 dF wirbt, entstand kurz nach dem Ersten Weltkrieg.

Der in Görlitz ansässige Gustav Adolf Fischer gründete 1864 eine Feuerlöschgerätefabrik. Dieser Prospekt mit der unter dem Zeichen des roten Hahns abgebildeten KS 25 auf MAN D 1 entstand im Jahre 1937.

Links: *Die Rückseite des Prospektes zeigt anhand von Beispielen das übrige Fertigungsprogramm der Firma Fischer. Von der Kraftfahrspritze auf MAN ist eine Kleinserie von mindestens zehn Exemplaren entstanden.*

Unten: *In einer Ausgabe der Fachzeitschrift »Feuerschutztechnik« von 1943 ist diese Anzeige der Feuerlöschgeräte- und Maschinenfabrik G.A. Fischer, Görlitz, zu finden, deren Schwerpunkt die Herstellung von Tragkraftspritzenanhängern und Leichten Löschgruppenfahrzeugen bildete.*

Bereits vor dem Ersten Weltkrieg gab es Werbung für Feuerwehrfahrzeuge. Hier die Anzeige der Firma E.C. Flader aus Jöhstadt in Sachsen, die für verschiedene Automobil-Feuerwehrfahrzeuge und Dampfspritzen wirbt. Abgebildet ist eine auf ein Feuerwehrfahrzeug mit Benzinmotor aufgebaute Dampfspritze.

Oben: *Zeitungsanzeige von Flader aus dem Jahre 1929, die für mit der Feuerlöschpumpe »Siegerin« – ein damals recht bekanntes Pumpaggregat von Flader – ausgerüstete Feuerwehrfahrzeuge wirbt.*

Unten: *In ihrer Ausgabe vom Mai 1940 veröffentlichte die Zeitschrift »Feuerschutz« diese Flader-Anzeige.*

Mit ihrem ab 1953 lieferbaren Modell FK 1000 beziehungsweise Transit landeten die Ford-Werke bei den Feuerwehren auf Anhieb einen großartigen Erfolg. Hier eine von Ford veröffentlichte Verkaufsanzeige aus dem Jahre 1963, die ein TSF auf Basis des Taunus Transit zeigt.

Oben: *Auch die Niedersächsische Waggonfabrik Joseph Graaff GmbH in Elze bei Hannover gehörte zu jenen Firmen, die sich nach dem Kriege auf das Gebiet der Feuerwehrausrüstung vorwagten. Hier wirbt das Unternehmen in einer Anzeige vom Juni 1951 für das neue Löschfahrzeug LF 8 auf Basis eines Ford-Ruhr-Lastwagens, erhältlich mit und ohne Vorbaupumpe.*

Rechts: *Vor allem in Norddeutschland traf man ihn häufig an, den Opel-Blitz 1,75 t der fünfziger Jahre, hier mit einem von Graaff/Elze erstellten Löschgruppenfahrzeug-LF-8-Aufbau. Dieses Schwarzweiß-Inserat stammt aus dem Jahre 1956.*

Oben und rechts: *Nur regionale Bedeutung im Feuerwehrfahrzeugbau erlangte die mit der Wuppertaler Karosseriefirma Blumhardt kooperierende Firma Heines in Gruiten. Neben den häufiger gebauten LF 8 auf Opel-Blitz-Chassis sind nur wenige Fahrzeuge der LF- und TLF 15 bzw. 16-Leistungklasse nachgewiesen. In diesem Prospekt von 1952 wird für ein TLF 15 auf Daimler-Benz-Basis geworben.*

An der Entwicklung der von mir in Arbeitsgemeinschaft mit der Firma Blumhardt gebauten Feuerlöschfahrzeuge sind **bedeutende und anerkannte Feuerwehrfachleute** maßgeblich beteiligt. Die jahrzehntelangen Erfahrungen und die letzten Erkenntnisse wurden beim Bau berücksichtigt. Ganz besonderen Wert wurde auf **Zweckdienlichkeit und solide konstruktive Arbeit** gelegt. **LF 15 und TLF 15** werden mit der **tausendfach bewährten Wasserringpumpe von Amag-Hilpert** ausgestattet. Sie ist teuerer als andere Pumpen; aber sie ist es wert. Beim Ansaugen gibt es keinen Versager, weder durch Verschmutzen des Gasstrahlers noch durch andere Mängel; spielend überwindet sie Luftsäcke. Durch die verhältnismäßig niedrige Drehzahl (2400/min.) hat sie in Bezug auf ihre Lebensdauer einen **ganz bedeutenden Vorteil** gegenüber den hochtourigen Pumpen.

Ich baue Feuerlöschfahrzeuge auf jedes Fahrgestell das Sie wünschen.

Bitte verlangen Sie bei Bedarf mein ausführliches, bebildertes Angebot.

Ihre Sonderwünsche werden gerne berücksichtigt.

Heines-Wuppertal · (22a) Gruiten b. Düsseldorf · Tel. Sa.-Nr. Mettmann 2748

HEINES WUPPERTAL

Diese Seite: *Die Rahmen für ihre Fahrzeugaufbauten ließ Heines bei Blumhardt aus Stahlrohr anfertigen; sie wurden mit Blech beplankt. Die beiden 1956 veröffentlichten Anzeigen präsentieren die Produkte der Firma Heines in jener Zeit. Das abgebildete an die Feuerwehr in Belecke gelieferte LF 8-TSA auf Ford FK 3500 mit Allradantrieb blieb ein Einzelstück. Heute befasst sich das Unternehmen in erster Linie mit Feuerwehr-Spezialaufbauten.*

Oben: *In Bielefeld gab es die Firma Carl Henkel, die sich neben Feuerwehrausrüstungen und Armaturen auch zeitweise mit Fahrzeugauf- und ausbauten beschäftigte. In dieser Mitte der fünfziger Jahre in einer Feuerwehr-Fachzeitschrift publizierten Anzeige wird ein LF 8 auf Opel-Blitz 1,75 t angeboten.*

Unten: *Der Lastwagenhersteller Henschel in Kassel gehörte zu jenen Fahrgestellherstellern, die nur geringen Anteil am Geschäft mit Feuerwehrfahrzeugen hatten. Die meisten Exemplare gingen an die ortsansässige Berufsfeuerwehr, wie dieses LF 15 auf HS 100 und der von Metz auf HS 140 aufgebaute Rüstkranwagen RKW 10, die zu Beginn der fünfziger Jahre angeschafft wurden.*

Oben: *Der Kupferschmied Hermann Koebe errichtete 1878 in Luckenwalde bei Berlin eine Metallgießerei, die wenige Jahre später auch den Bau von Feuerwehrspritzen aufnahm. Aus diesen bescheidenen Anfängen entwickelte sich eine bedeutende Feuerwehrgerätefabrik. Zu Beginn der zwanziger Jahre erschien diese Verkaufsanzeige in der Zeitschrift »Feuerschutz«.*

Unten: *Der Konstrukteur Justus Christian Braun war bahnbrechend bei der Entwicklung von Drehleitern in Deutschland. 1911 machte er sich in München selbständig und übernahm gleichzeitig den Alleinvertrieb der schweizerischen Saurer-Fahrgestelle. Diese Anzeige vom Juni 1914 stellt eine auf einem solchen Chassis errichtete Drehleiter mit ihrem charakteristischen Fischbauchprofil vor.*

Oben: *Die Firma Krupp-Ardelt GmbH in Wilhelmshaven war in den fünfziger Jahren Anbieter von Kranfahrzeugen, wie sie beispielsweise von den Berufsfeuerwehren Essen und Mülheim/Ruhr in Dienst gestellt wurden.*

Links: *Die Feuerlöschgerätefabrik Paul Ludwig in Bayreuth war zeitweise ebenfalls Herstellerin von Feuerwehrfahrzeugen. Neben einer TS 8/8 mit VW-Motor wird in der Ausgabe 6/1960 der Zeitschrift »Brandwacht« auch für ein LF 8-TS auf Basis des Borgward B 522 A/O geworben.*

Diese Seite: *Der Ulmer Feuerwehrkommandant Conrad Dietrich Magirus gründete 1864 eine Spezialfabrik für Feuerwehrgeräte und Armaturen, woraus sich in der Folgezeit einer der bedeutendsten Feuerwehrausrüster in Deutschland entwickelte. Anfang der zwanziger Jahre war das System der sogenannten Abprotzleitern aktuell, bei welchem eine einachsige Anhängeleiter heckseitig auf ein motorisiertes Lafettenfahrgestell geschoben wurde. Dieses Verfahren bot den Wehren die Möglichkeit, nicht motorisierte Leitern im Einsatz weiterhin verwenden zu können.*

Nr. 299 a.

Magirus Feuerwehrgeräte

G. m. b. H.

Ulm a. D.

Drahtanschrift: Feuerwehrgeräte Ulmdonau
Fernsprecher 840

Zweigniederlassung: **Berlin W. 10** Viktoriastraße Nr. 30

Drahtanschrift: Feuerwehrgeräte Berlin. — Fernsprecher: Amt Lützow Nr. 5646/47

Rudolf Mosse Code — A B C Code 5th edition.

Magirus-Autospritze

mit

Magirus-Aufprotzpatentleiter

(D. R. P.)

Modell „Smyrna"

Magirus-Fahrgestell	3,5 to
Magirus-Motor	70 PS
Magirus-Hochdruckzentrifugalpumpe Z III	2000 l
Magirus-Aufprotzpatentleiter	18-20 m

Codewort für Autospritze mit Pumpe aus Spezialguss, mit Aufprotzleiter 18 m: Sonroseos
" " " " " " " " " 20 m: Soplona
" " " " " " Bronze " " 18 m: Sorgevano
" " " " " " " " " 20 m: Sorgiva

2. 25. 1000.

Magirus Feuerwehrgeräte G. m. b. H.

Das Fahrgestell mit Motor.

Leistungen und wissenswerte Angaben.

Typ	V 135
Steuer-PS	39,4
Leistung auf dem Bremsstand	70 PS
Umdrehungszahl in der Minute	1100
Zylinder-Bohrung	135 mm
Kolben-Hub	180 mm
Brennstoffbehälter für etwa	150 l Inh.
Brennstoffverbrauch für 100 km Fahrt etwa	50 l
Brennstoffverbrauch für 1 Spritzenstunde etwa	25 l
Oelverbrauch für 100 km Fahrt etwa	2,6 kg
Oelverbrauch für 1 Spritzenstunde etwa	0,75 kg

Höchstgeschwindigkeit	40 km
Steigungsvermögen	bis zu 20 %
Reifenprofil: Vollreifen vorne einfach, hinten doppelt	930×140 mm
Radstand	4130 mm
Spurweite vorne	1530 mm
Spurweite hinten	1520 mm
Wenderadius der Hinterräder, innen gemessen etwa	5750 mm
Wenderadius außen an der Leiterspitze gemessen "	8750 mm

Fahrgestell in Feuerwehr-Sonderbauart, Tragfähigkeit 4500 kg, Rahmen aus gepreßtem Stahlblech, durch kräftige Unterzüge versteift; Vorder- und Hinterachse aus hochwertigem Stahl. Räder aus Stahlguss mit Kugellagern und Vollgummibereifung, vorne einfach, hinten doppelt; Kotflügel über Vorder- und Hinterrädern. Handhebelbremse auf die Hinterräder und Fußbremse auf das Getriebe wirkend. Bergstütze an der Hinterachse. Brennstoffbehälter unter dem Fahrersitz, mit feuersicherem Einfüllstutzen. Lenkvorrichtung mit großem Steuerrad, leicht zu handhaben. Am Instrumentenbrett Geschwindigkeitsmesser und Kilometerzähler. Vorne am Fahrzeug 2 große elektr. Scheinwerfer und 2 elektr. Kurvenlampen, rückwärts eine Lampe für die Pumpe und das Nummernschild; ferner eine Lampe vorne am Instrumentenbrett, zugleich als Handlampe verwendbar. Kraftquelle für die Beleuchtung: 1 Dynamomaschine mit Antrieb vom Fahrmotor, sowie bei Motorstillstand 1 Batterie für etwa 3stündige Beleuchtung.

Getriebe in gut dichtendem Gehäuse gekapselt und ganz in Oel laufend, mit 4 verschiedenen Geschwindigkeiten für Vorwärts- und 1 für Rückwärts-Gang. Betätigung mittelst Schalthebel und Lamellen-Kupplung. Kraftübertragung auf die Hinterräder durch öl- und staubdichten Kardan-Antrieb über ein gesetzlich geschütztes Rädervorgelege.

Motor 70 PS vierzylindrig, in 2 Blöcken gegossen. Ventile auf einer Seite angeordnet; Ventilsteuerung durch Nockenwelle von unten; Magnet, Fabrikat **Bosch-Lichtbogenzündung.** Anwerfen des Motors von Hand oder durch **Bosch-Anlaß-Motor. Vergaser** Fabrikat Pallas, für Verwendung aller üblichen Brennstoffe eingerichtet. Brennstoffzufuhr durch **Pallas-Unterdruckförderer. Schmierung** des Motors automatisch durch eine an der tiefsten Stelle des Kurbelgehäuses sitzende Zahnradpumpe mit 2 Drahtfiltern, mit Tauchstange zum Ablesen des Oelstandes. **Kühlung** durch Zentrifugal-Pumpe und Lamellenkühler in Verbindung mit Flügelrad-Ventilator und Windflügelspeichen im Schwungrad; Kühlwasserleitung durch das Pumpengehäuse geführt zur Verstärkung des Kühleffekts. Ueber dem Motor leicht zu öffnende Schutzhaube.

Abprotzen der Leiter durch 1 Mann.

Bester Ersatz für den Zweifahrzeuglöschzug.

Oben: *In der ersten Hälfte der zwanziger Jahre entstanden bei Magirus verschiedene offene, auf dem mittelschweren Magirus-3-CS-Fahrgestell aufgebaute Automobilspritzen. Sie zeichneten sich durch eine Bestückung mit leistungsstarken 2000-l/min-Heckpumpen des Typs Z III aus und waren nicht nur bei deutschen Wehren verbreitet. Dieser Prospekt von 1926 informiert in ausführlicher Weise über die Vorzüge der 3-t-Autospritze des Modells Ulm.*

Unten: *In ländlichen Gegenden kamen vielfach die sogenannten Überlandspritzen zum Einsatz, die entweder mit abprotzbaren oder angehängten, zweirädrigen Motorspritzen bestückt waren. Hier wird das bereits luftbereifte, aber noch offen ausgeführte Magirus-Modell des Typs Dorsten vorgestellt, das über eine aufgeprotzte Zweirad-Motorspritze verfügte.*

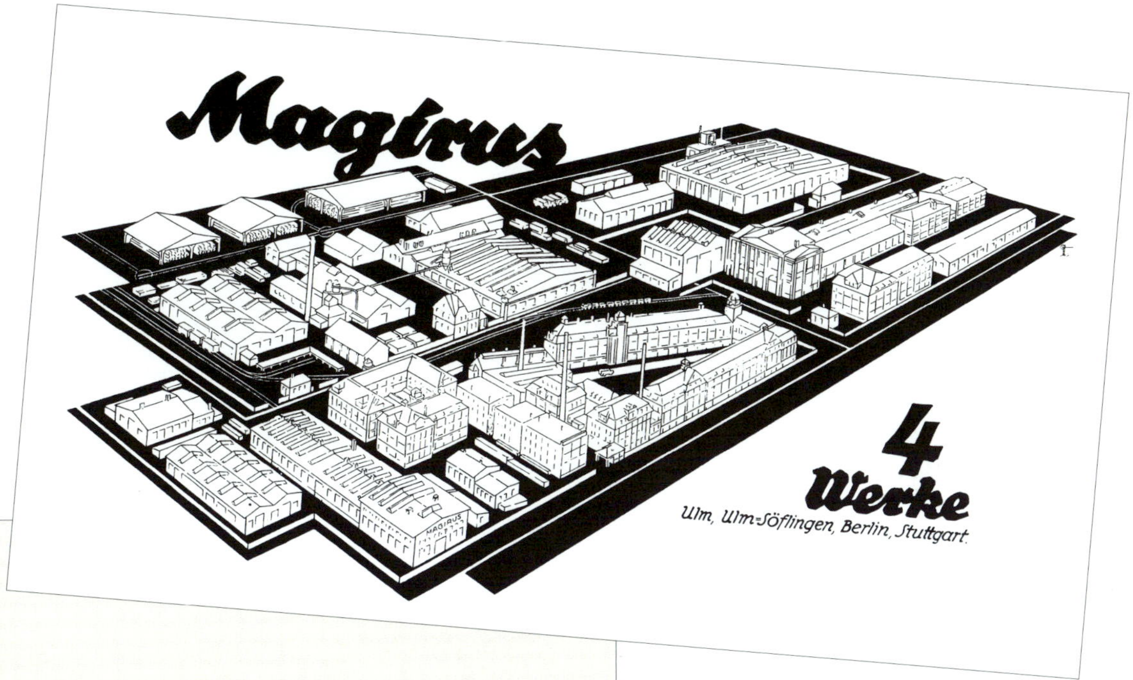

Diese Seite: *1930 gaben die Ulmer Magirus-Werke einen umfangreichen Katalog über ihr Verkaufsprogramm heraus.*

Unten: *Für kleinere Wehren besonders geeignet war diese Autospritze des Modells Zoppot, die wahlweise mit 1000- bis 1500 l starken, heckseitig eingebauten Feuerlöschkreiselpumpen erhält war.*

Oben: *Für den Einsatz bei städtischen Berufsfeuerwehren oder großen Werkfeuerwehren vorgesehen war die mit den damals üblichen Längssitzen versehene und mit einer 2500-l/min-Heckpumpe bestückte Magirus-Autospritze Modell Wolfen.*

Links: *Die Magirus-Autospritze vom Typ Frankfurt/Main entstand auf dem 4-t-Magirus-Modell MMS (Sechszylinder-100-PS-Vergasermotor von Maybach) und besaß eine 1500 l/min-Heckpumpe.*

Oben: *Auf dem 2-t-Magirus-M-1-Chassis (Sechszylinder-57-PS-Vergasermotor) entstand die hier gezeigte leichte Magirus-Auto-Drehleiter Modell Löwenberg, deren Leiterbewegungen noch per Hand auszuführen waren.*

Unten: *Ein Exportmodell war diese Magirus-Auto-Leiterspritze Typ Canton auf Magirus MLAS mit aufgeprotzter 20-m-Einachsleiter und heckseitig installierter 2500-l/min-Feuerlöschkreiselpumpe.*

Links: *Die große Magirus-Auto-Drehleiter Modell Berlin besaß einen durch den Fahrmotor zu betreibenden Leiterantrieb. Es war ein für städtische Feuerwehren besonders geeigneter schwerer Typ, der auch vielfach von ausländischen Wehren geordert wurde.*

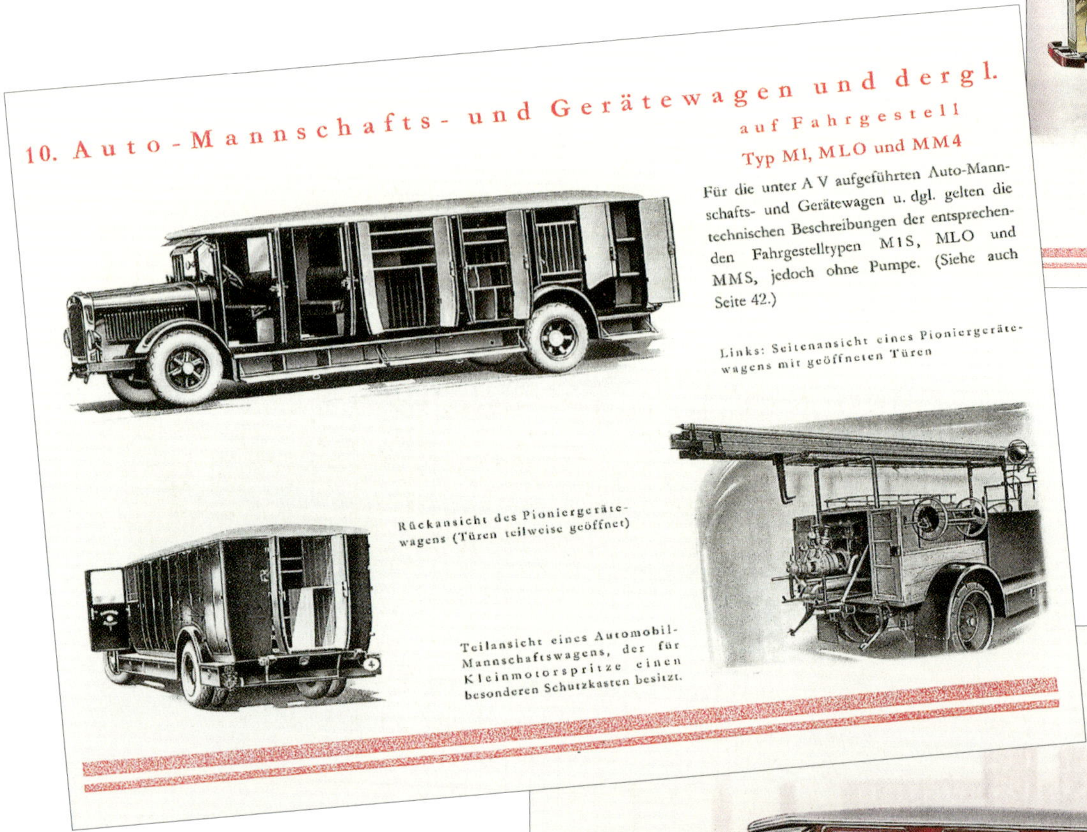

10. Auto-Mannschafts- und Gerätewagen und dergl.
auf Fahrgestell
Typ M1, MLO und MM4

Für die unter A V aufgeführten Auto-Mannschafts- und Gerätewagen u. dgl. gelten die technischen Beschreibungen der entsprechenden Fahrgestelltypen M1S, MLO und MMS, jedoch ohne Pumpe. (Siehe auch Seite 42.)

Links: Seitenansicht eines Pioniergerätewagens mit geöffneten Türen

Rückansicht des Pioniergerätewagens (Türen teilweise geöffnet)

Teilansicht eines Automobil-Mannschaftswagens, der für Kleinmotorspritze einen besonderen Schutzkasten besitzt.

MAGIRUS-AUTO-TANKSPRITZE
MODELL „BUKAREST“
Aufbau mit Wassertank / Fahrgestell-Typ: MLAS; Pumpen-Typ: PIV
Deutsche Reichspatente

Oben: *Diese Auto-Tankspritze mit 3000-l-Wassertank und 1500-l/min-Feuerlöschkreiselpumpe ging an die Feuerwehr der rumänischen Hauptstadt Bukarest. Fast baugleiche Fahrzeuge wurden in den dreißiger Jahren auch bei Metz/Karlsruhe in Auftrag gegeben.*

MAGIRUS-PIONIERWAGEN
MODELL DRESDEN
Fahrgestell-Typ MLO oder MM4 (Bild zeigt Typ MM4)

Oben und rechts:
Ende der zwanziger Jahre bestellten verschiedene deutsche Berufsfeuerwehren solche damals als Pionierwagen bezeichneten großen Gerätefahrzeuge, die sich durch extrem lange Radstände auszeichneten und bei Verkehrsunfällen und anderen technischen Hilfeleistungen eingesetzt werden sollten. Hier das von der Berufsfeuerwehr Dresden beschaffte Modell.

Oben: *1931 entstand dieser Faltprospekt, der eine auf 1,5-t-Magirus-Fahrgestell des Typs M 15 S (Sechszylinder-60-PS-Vergasermotor) zeigt.*

Unten: *Die Rückseite dieses Prospektes informiert über die weitreichende Magirus-Verkaufsorganisation.*

1. Autoleitern

Bremen	Direkt. d. Feuerw.	1 Autoleiter 24 m	m. Elek. Antr.
Bremerhafen	Direkt. d. Feuerw.	1 Autoleiter 26 m	K 20
Hannover	Branddirektion	1 Autoleiter 24 m	m. Elek. Antr.
Hannover	Branddirektion	1 Autoleiter 26+2 m	K 20
Hannover	Branddirektion	1 Autoleiter 30+2 m	K 20
Harburg	Branddirektion	1 Autoleiter 25+2 m	K 20
Wesermünde	Magistrat	1 Autoleiter 20+3 m	KL
Wilhelmshafen	Marinewerft	1 Autoleiter 25 m	K 16

2. Autospritzen

Bremerhaven	Direkt. d. Feuerw.	2 Autospritzen	2000 Liter
Göttingen	Kreisausschuß	1 Autospritze	1200 Liter
Lüneburg	Magistrat	1 Autospritze	2000 Liter
Hannover	Branddirektion	2 Autospritzen	1200 Liter
Hameln-Pyrmont	Kreisausschuß	1 Autospritze	1000 Liter
Harburg	Branddirektion	2 Autospritzen	2000 Liter
Hildesheim	Branddirektion	1 Autospritze	1200 Liter
Horneburg	Kreisausschuß	1 Autospritze	1000 Liter
Northeim	Kreisausschuß	1 Autospritze	1000 Liter
Oldendorf	Gemeinde	1 Autospritze	1000 Liter
Peine	Magistrat	1 Autospritze	1000 Liter
Wesermünde	Magistrat	1 Autospritze	1200 Liter
Wilhelmshafen	Marinewerft	1 Autospritze	1200 Liter
		1 Autospritze	2000 Liter m. Leiter

3. Mannschafts- und Gerätewagen

Einbeck	Kreisausschuß	1 Mannsch.- u. Gerätewag.	1½ to
Hannover	Branddirektion	1 Mannsch.- u. Gerätewag. mit Gasspritze	4½ to
Harburg	Branddirektion	1 Mannsch.- u. Gerätewag.	2 to
Harburg	Branddirektion	1 Lastwagenpritsche	1½ to
Uelzen	Magistrat	1 Mannsch.- u. Gerätewag.	2½ to
Visselhövede	Feuerlöschverbd.	1 Mannsch.- u. Gerätewag.	2½ to

4. Vierrädrige Motorspritzen

Apensen	Gemeinde	800 Liter
Bad Lauterberg	Dr. Alberti	800 Liter
Bodenwerder	Magistrat	800 Liter
Bültum	Gemeinde	800 Liter
Bützfleth	Gemeinde	800 Liter
Elze	Magistrat	800 Liter
Groß-Ilsede	Ilseder Hütte	800 Liter
Groß-Rhüden	Gemeinde	800 Liter
Mecklenhorst	Remonte-Amt	800 Liter
Melle	Freiw. Feuerwehr	800 Liter
Mulsum	Gemeinde	800 Liter
Neukloster	Gemeinde	800 Liter

4. Vierrädrige Motorspritzen

St. Andreasberg	Dr. Alberti	800 Liter
Sontra	Dr. Alberti	800 Liter
Seelze	Continental	800 Liter
Sodersdorf	Gemeinde	800 Liter
Ströhen	Gemeinde	800 Liter

5. Zweirädrige Motorspritzen

Assel	Gemeinde	800 Liter
Bassum	Magistrat	800 Liter
Bad Grund	Staatl. Berginspektion	500 Liter
Borkum	Gemeinde	500 Liter
Blumenthal	Gemeinde	800 Liter
Brinkum	Gemeinde	800 Liter
Bremen	Akt.-Ges. Weser	500 Liter
Buchholz	Gemeinde	600 Liter
Celle	Bergbaugesellschaft Mariaglück	800 Liter
Clausthal-Zellerfeld	Magistrat	1000 Liter
Cranz	Gemeinde	600 Liter
Dissen	Fritz Homann	500 Liter
Eimbeckhausen	Stuhlfabrik Benze	1000 Liter
Eimbeckhausen	Gemeinde	800 Liter
Einbeck	Kreisausschuß	800 Liter
Einbeck	Aug. Stuckenbrock	500 Liter
Estebrügge	Gemeinde	800 Liter
Gesmold	Gemeinde	800 Liter
Hannover	Reichsbahn-Ausbesserungswerk	1000 Liter
Hannover	Gummiwerke Excelsior	800 Liter (2 Stück)
Hannover	Wollwäscherei Döhren	800 Liter
Harburg	Branddirektion	800 Liter (2 Stück)
Harburg	Magistrat	800 Liter
Harburg	Gummiwarenfabrik	800 Liter
Hemelingen	Bremer Jutespinnerei	800 Liter
Hittfeld	Gemeinde	600 Liter
Lehrte	Tiefbohrbedarf A.-G.	800 Liter
Lilienthal	Gemeinde	800 Liter
Maschen	Gemeinde	800 Liter
Melle	Meller Möbelfabrik	800 Liter
Neubruchhausen	Gemeinde	1000 Liter
Niencop-Neuenfelde	Gemeinde	1000 Liter
Obermarschacht	Gemeinde	800 Liter
Osnabrück	Papierfabrik	800 Liter
Osterode	Kreisausschuß für Calefeld, Herzberg, Osterode und Bad Lauterberg	1000 Liter (4 Stück)
Osterholz	Gemeinde	800 Liter
Steinkirchen	Gemeinde	800 Liter
Tostedt	Gemeinde	600 Liter

Oben und links: *Recht verbreitet waren Sonderdrucke der Feuerwehrgeräteindustrie, die regional verteilt wurden. Im Jahre 1930 veröffentlichte Magirus diesen vierseitigen Prospekt über die im Raum Hannover, Bremen und Bremerhaven in Dienst gestellten Feuerwehrfahrzeuge.*

Die im November 1932 gemachte Lieferung umfaßt:

3 automobile Führerwagen
mit vor dem Kühler eingebauter Magirus-Hochdruck-Feuerlösch-Kreiselpumpe mit 1200 Liter Minutenleistung bei 80 m Förderhöhe, auf Magirus-Spezial-Feuerwehr-Fahrgestell für 2800 kg Tragfähigkeit, ausgerüstet mit Magirus Sechszylinder-Motor von 65 bis 70 PS Leistung, mit Quersitzen für 7 Mann, mit geräumigen Gerätekasten, 2 abprotzbaren Schlauchwagen und Leiterngalerie.

7 automobile Tankspritzen
mit je 1750 Liter Tankinhalt und vor dem Kühler eingebauter Magirus-Hochdruck-Feuerlösch-Kreiselpumpe mit 1200 Liter Minutenleistung bei 80 m Förderhöhe, auf Magirus-Spezial-Feuerwehr-Fahrgestell für 3300 kg Tragfähigkeit, ausgerüstet mit Magirus-Sechszylinder-Motor von 65 bis 70 PS Leistung, mit Quersitzen für 5 Mann, mit 2 abprotzbaren Schlauchwagen.

4 automobile Mannschafts-Transportwagen
auf Magirus-Spezial-Feuerwehr-Fahrgestell für 2800 kg Tragfähigkeit, ausgerüstet mit Magirus-Sechszylinder-Motor von 65 bis 70 PS Leistung, mit geschlossenem Führerhaus und 2 Mannschafts-Sitzbänken für insgesamt 10 Mann Besatzung.

10 tragbare Klein-Motorspritzen „Goliath II"
mit Magirus-Niederdruckpumpe von 1000 Liter Minutenleistung bei 50 m Förderhöhe und 2200 Liter Minutenleistung bei freiem Auslauf, mit 24 PS Zweitakt-Motor.

Die Tankwagen und Mannschaftswagen sind mit je einer der vorstehend beschriebenen Spritzen ausgerüstet.

2 trag- und fahrbare Klein-Motorspritzen „Goliath II"
auf zweirädrigem Fahrgestell, mit Magirus-Hochdruck-Kreiselpumpe von 1000 Liter Minutenleistung bei 60 m Förderhöhe, mit 27 PS Zweitakt-Motor.

Als nachträgliche Anschaffung:
1 automobile Drehleiter
in Ganzstahl-Ausführung, für eine Steighöhe von 26 m, vollautomatisch, auf Magirus-Spezial-Feuerwehr-Fahrgestell für 5800 kg Tragfähigkeit mit 110 PS Magirus-Sechszylinder-Motor.

Magirus liefert Feuerwehrgeräte in alle Erdteile
Magirus-Erzeugnisse besitzen Weltgeltung

C. D. MAGIRUS A.-G.
Ulm-Donau Gegr. 1864
Telegr.-Adr.: Magiruswerk - Telefon 2755 bis 2759

Eigene Verkaufsbüros und zahlreiche Vertretungen im In- und Ausland.

Form. Nr. 861. 3.-0334

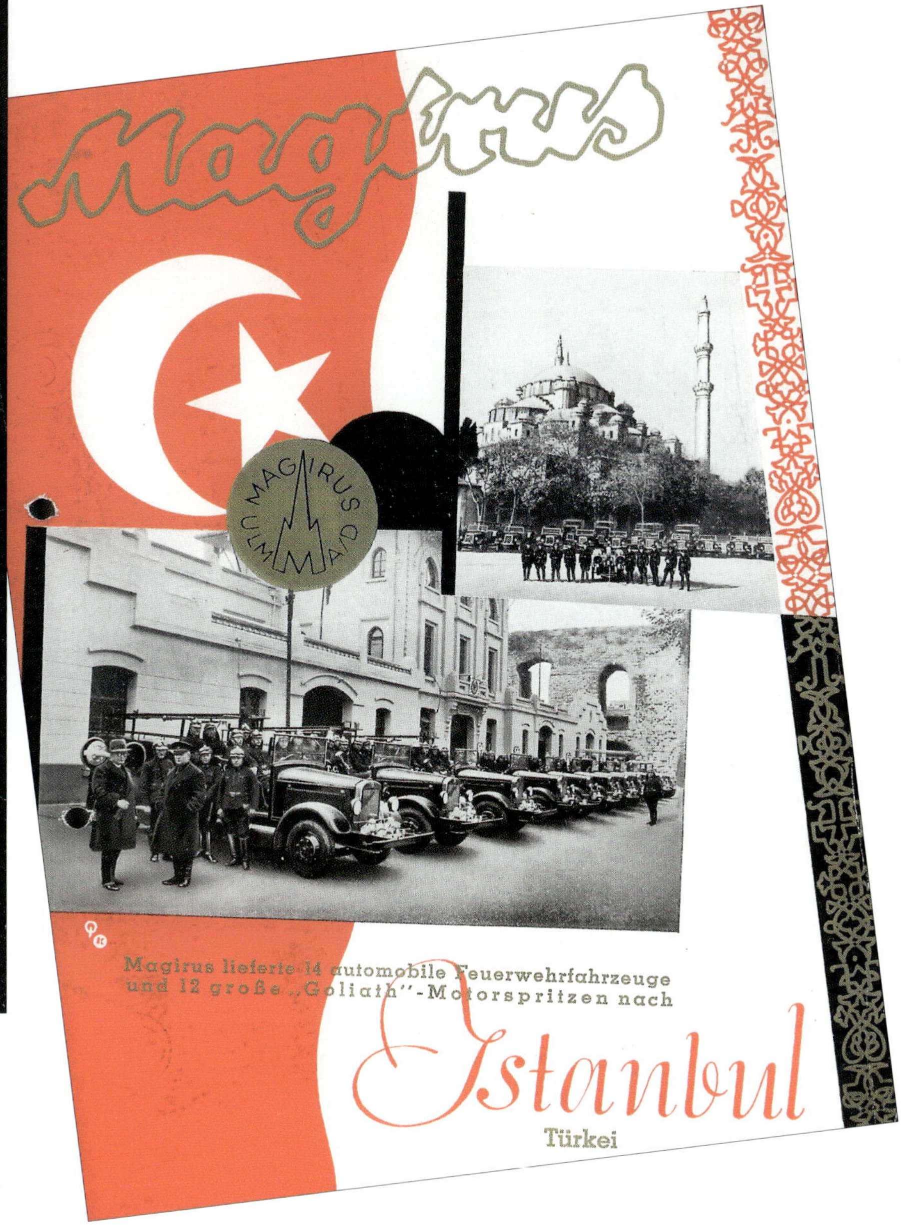

Oben und rechts: *Schon seit jeher war der Export von Feuerwehrfahrzeugen ein wichtiges Standbein der Firma Magirus. Hier ein Anfang 1933 entstandenen Sonderdruck über einen kurz zuvor an die türkische Hauptstadt Istanbul gegangenen, umfangreichen Auftrag.*

Magirus-Patent

Lieferbar in Steighöhen

Vorzüge der Magirus-Stahlleiter

Konstruktion K 30

Holme aus doppel-T-förmigem Hohlstahlprofil

Nahtlose Vierkant-Stahlsprossen. Verspannungen aus nahtlosen Stahlrohren - in der Mittelebene der Holme durch besonderes Verfahren aufgeschweißt.

Bedeutende Gewichtsverringerung und günstige Auswirkung der Stabkräfte nicht nur für Zug-, sondern auch für Druckbeanspruchung.

Hohe Tragfähigkeit und große Steifigkeit, geringste Windangriffsflächen.

Leitergestell und Drehgestell ebenfalls geschweißt, keine Nietstellen.

Leitergetriebe mit waagrechten Lagern, leicht zugänglich ohne Demontage des Leitersatzes.

Sämtliche Sicherungseinrichtungen ohne Anwendung von Pendel.

Oben und links: *Die seinerzeit höchste Feuerwehrleiter der Welt, ganz aus Stahl angefertigt, hat dieser Anfang 1932 publizierte, mehrseitige Magirus-Prospekt zum Thema. Hier werden sowohl die Vorzüge des Werkstoffs als auch die zu jener Zeit umwälzenden Veränderungen im Drehleitersektor beschrieben, zum Beispiel der Übergang von der Elastik- auf Hochdruck-Luftbereifung, die zu verwenden nur in Verbindung mit den neu eingeführten Stützspindeln möglich war.*

Magirus

Luftschaum-Autospritze für alle Brände

2511

2506

Vorzüge des Luftschaumes:

BILLIGE HERSTELLUNG des Luftschaumes, der weniger als 1/10 des chemischen Schaumes kostet, nämlich etwa RM. 1.20 bis RM. 1.50 je Kubikmeter;
KEIN WASSERSCHADEN infolge der auf das 10fache des zugeführten und gebundenen Wassers vergrößerten Schaummenge;
KEIN SACHSCHADEN, weil der aufgetragene Luftschaum ohne jede chemische Entwicklung erzeugt ist, seine Bestandteile sich neutral verhalten und nach seiner Auflösung nichts zurückbleibt;
VOLLSTÄNDIGE UNSCHÄDLICHKEIT FÜR LEBEWESEN bei Verwendung in geschlossenen Räumen, da zu seiner Bildung nur reine Luft und keine kohlensäure- oder kohlenoxydhaltigen Gase verwendet werden;
HALTBARER ALS GASSCHAUM bezw. Auspuffschaum, dessen Kohlensäurebläschen kaum zur Ruhe kommen und das Bestreben haben in die Luft zu entweichen, während bei Luftschaum die eingeschlossenen Luftbläschen sich nicht leicht in der umgebenden Luft auflösen und die Haltbarkeit mehrere Stunden dauert;
GROSSE HAFTFÄHIGKEIT des Luftschaumes an glatten, senkrechten und von unten bespritzten Flächen;
KEINE VERUNREINIGUNG des Schaumes und des Pumpeninnern durch eingeleitete Auspuffgase, daher betriebssicherer und haltbarer;
UNVERÄNDERLICHKEIT des Luftschaumes beim Durchgang durch die Druckschläuche, durch das Strahlrohr und die Mundstücke verschiedener Größe und beim Spritzen auf größere Entfernung;
ÜBERWINDUNG DER HÖHENUNTERSCHIEDE durch den spezifisch leichteren Luftschaum, ohne namhafte Drucksteigerung und ohne Beeinflussung seiner Güte;
SOFORTIGE RAUCHVERMINDERUNG, schlagartige Feuerbekämpfung;
GERINGE WÄRMELEITFÄHIGKEIT, dadurch Verhütung von Entzündung feuerbedrohter Nachbarschaft.

C. D. Magirus A.-G., Ulm-Donau
GRÖSSTE FEUERWEHRGERÄTE-SPEZIALFABRIK
Telegramme: Magiruswerk Ulmdonau · Fernsprecher 2755-2759

2510

Typentafel

I. FAHRZEUG

Fahrzeugtyp	M 25 S
Motortyp	S 88
Zylinderzahl	6
Bohrung	88 mm
Hub	125 mm
Zylinder-Inhalt	4559 ccm
Motorleistung	65 PS
Kolbenmaterial	Spezial-Grauguß
Zündung	Bosch-Batterie
Vergaser	Solex
Motorschmierung	Druckölschmierung
Ölreinigung	Druckölfilter
Kühlung	Wasserumlauf durch Wasserpumpe
Radstand	4000 mm
Spurweite	v. 1675 mm h. 1610 mm
Räder	Abnehmbare Scheibenräder
Niederdruckbereifung	6.50×20" Transport sechsfach
Höchstgeschwindigkeit	ca. 50 km/Std.
Steigungsvermögen	ca. 22 %
Bodenfreiheit belastet	ca. 220 mm
Wenderadius	ca. 7000 mm
Lenkung	Selbsthemmende Schraubenspindel-Lenkung
Kupplung	Einscheibenkupplung
Getriebe	ZF 4 Gang-Getriebe
Geschwindigkeit	1. Gang 9 km/Std. 2. Gang 17 km/Std. 3. Gang 29 km/Std. 4. Gang 50 km/Std.
Hinterachse	Banjoform, spiralverzahnte Kegelräder
Federn	Halbelliptik-Federn
Schmierung	Hochdruckfettschmierung
Bremsen	Innenbacken-Servo-Bremse
Tankinhalt	80 Liter (Tank vor der Spritzwand)
Chassistragfähigkeit	3300 kg

II. LUFTSCHAUMPUMPE

Magirus-Luftschaumpumpe	Typ	Ls II
Schaummenge	l/min.	1500—2000
Normale Drehzahl	i. d. Min.	1400—1600
Kraftbedarf	PS	25÷30
Strahlwurfweite	ca. m	25÷30
Mundstückweite für Schaumspritze	mm	32÷40
Gießrohrweite für Schaum auftragen	mm	75
Anschluß für Wasserschlauch	mm	52
Anschluß für Schaumschlauch	mm	75
Schaumextrakt-Verbrauch für 1000 Ltr. Schaum	ca. Ltr.	0,6—1
Inhalt des Schaumflüssigkeitsbehälters	ca. Ltr.	80—100

Das Löschverfahren mittels Luftschaum war bei der deutschen Feuerwehr in den dreißiger Jahren sehr verbreitet, denn es bot gegenüber dem herkömmlichen Löschen mit Wasser eine Reihe von Vorzügen, wie in diesem Magirus-Prospekt des Jahres 1933 dargelegt wird. Das vorgestellte Fahrzeug ist mir einer Luftschaumpumpe Typ LS II ausgerüstet.

Links: *Die Frontansicht einer Kraftfahrspritze KS 25 mit angebauter Vorbaupumpe des 2500-l-Typs P VI ziert die Titelseite dieses 1936 veröffentlichten Magirus-Gesamtprospektes über Kraftfahrspritzen und Mannschaftswagen.*

Rechts: *Das Magirus-LK-Fahrgestell war eine Feuerwehr-Sonderausführung eines mittelschweren Lkw-Modells der Hansa-Lloyd-Goliath-Werke (Borgward), Bremen, das bis 1940 mit Magirus-Feuerwehraufbauten versehen war. Diesem Prospekt ist zu entnehmen, dass auf diesem Chassis sowohl Kraftfahrspritzen als auch Mannschaftswagen gebaut wurden.*

A G I R U S
RUS-Feuerwehrfahrzeug Typ LK wird geliefert als:
Mannschaftswagen
mit nach vorn über den Kühler hinaus
verlängertem Fahrgestellrahmen für den
späteren Einbau einer Feuerlöschpumpe
Kraftfahrspritze
mit vor dem Kühler gelagerter MAGIRUS-
Feuerlösch - Kreiselpumpe 1200 l min.
bei 80 m man. Gesamtförderhöhe
rzeugaufbaues werden für den Feuer-
ch- und Hilfsgeräte, Werkzeuge und Be-
leuchtungsgeräte zweckentsprechend gelagert. Der hintere Kastenraum
kann zur Aufnahme einer tragbaren Kraftspritze ausgebildet werden.

Titelseite eines 1938 erschienenen Magirus-Prospektes, der die Vorzüge der LK-Kraftfahrspritze für Einsätze in Stadt und Land sehr eindrucksvoll darstellt.

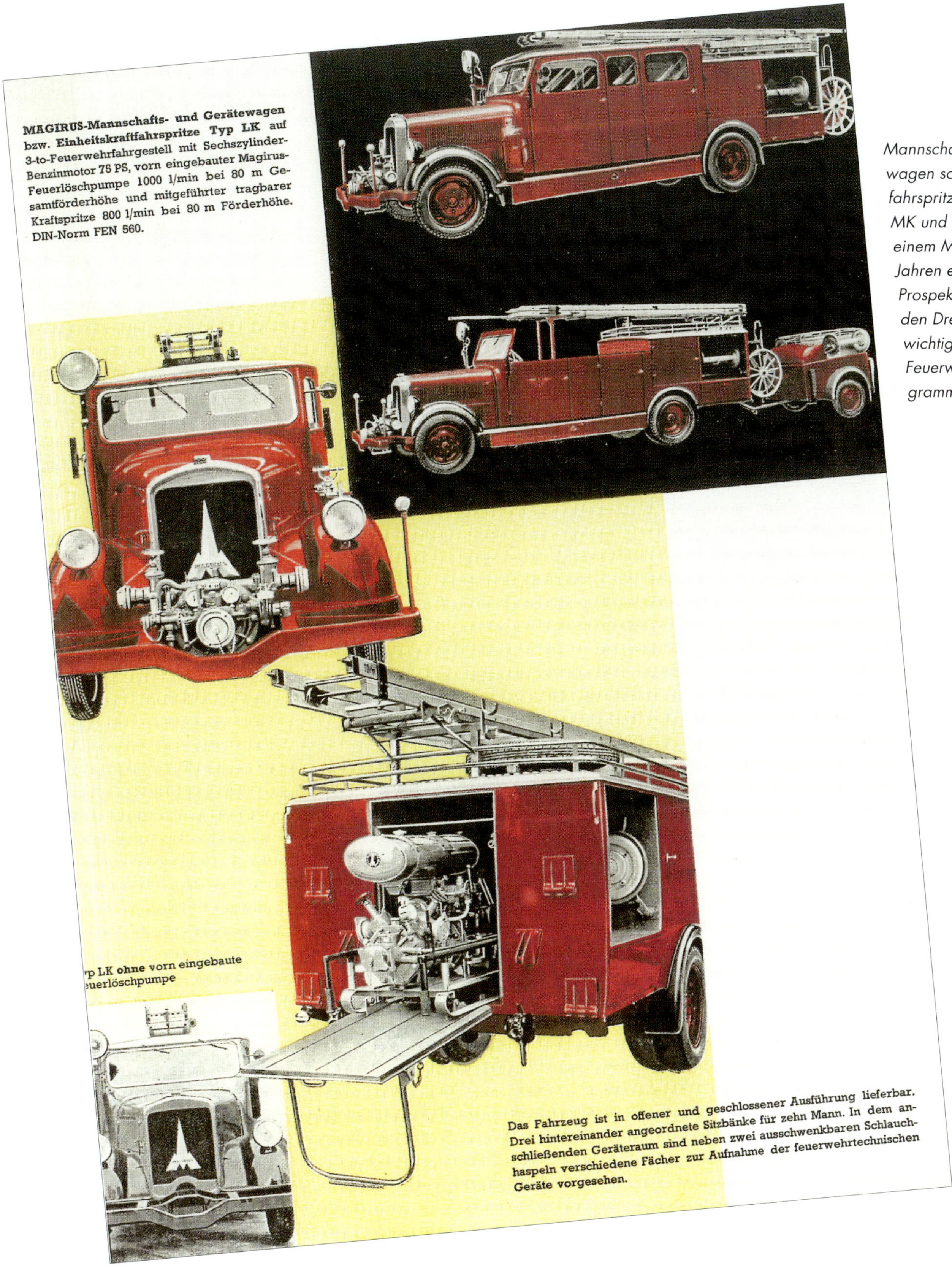

Mannschafts- und Gerätewagen sowie Einheits-Kraftfahrspritzen der Typen LK, MK und KS 15 – hier in einem Mitte der dreißiger Jahren entstandenen Prospekt – bildeten neben den Drehleitern den wichtigsten Bereich des Feuerwehr-Fahrzeugprogramms bei Magirus.

Oben: *In größeren Stückzahlen verkaufte Magirus die in trag- oder fahrbarer Ausführung lieferbaren Tragkraftspritzen, in diesem Fall der mit einem 28-PS-Zweizylinder-Zweitaktmotor ausgerüstete Typ TS W 508 L mit einer Förderleistung von 800 l/min.*

Unten: *Es musste nicht immer eine motorisierte und entsprechend teure Drehleiter sein: Kleinere Feuerwehren entschieden sich häufig für eine als Montage- und Arbeitsleiter verwendbare, einachsige Zweirad-Ganzstahlleiter. Magirus lieferte in den dreißiger Jahren diese auch an Kraftfahrzeuge anhängbare Leiter mit 12 oder 17 m Steighöhe.*

Unten: *In den dreißiger Jahren wurden erstmals Rüstkraftwagen hergestellt, also Berge- und Gerätefahrzeuge, die zusätzlich mit einer am Heck installierten, ausschwenkbaren 4,5-t-Krananlage. Solche Konstruktionen waren erforderlich geworden wegen der zunehmenden Zahl von Unfällen im Straßenverkehr infolge der stark anwachsenden Motorisierung. In diesem Prospekt wirbt Magirus für sein leistungsfähiges, vielseitig einsetzbares Produkt.*

Oben: *Für die »getypten« Schweren Löschgruppenfahrzeuge (SLG) verwendete Magirus das ab 1939 lieferbare Chassis des Dreitonners Klöckner-Deutz S 330 bzw. S 3000, wie dieses Modell ab 1941 bezeichnet wurde. In diesem 1942 erschienenen Prospekt wird die Magirus-SLG-Version vorgestellt. Sie ist eine der letzten während des Krieges für Werbezwecke gedruckten Schriften.*

Unten: *Im Juni 1948 brachte Magirus eine mechanische DL 22, eine Konstruktion aus der Kriegszeit, heraus. Sie stellte die erste in Deutschland gebaute Drehleiter nach dem Kriege dar.*

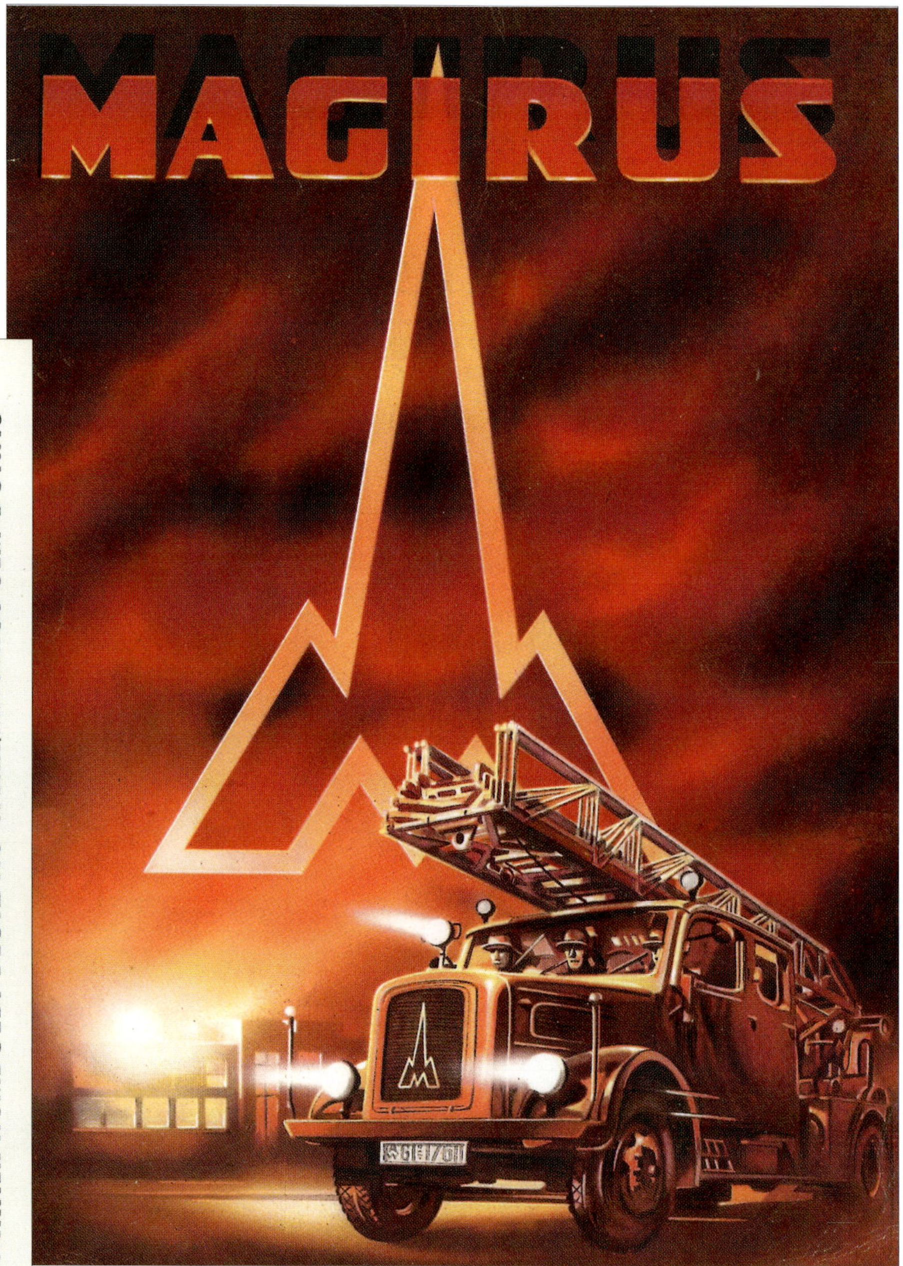

Links und diese Seite: *In einem englischsprachigen, sehr ausführlichen A4-Prospekt versuchte Magirus schon bald wieder, die Aufmerksamkeit auch ausländischer Interessenten zu wecken.*

MAGIRUS MOTOR TURNTABLE LADDER
TYPE DL 22

Fulcrum frame: Of sheet steel, electrically welded, turntable on ball bearings.
Gears: Type DG 124 with oil pressure-operated clutches for all ladder motions, i. e. elevating, inclining, extending, revolving to right and left as well as lateral adjustment by mechanical operation. Folding controlled by oil brake.
Ladder set: For 22 m (72 ft.) extension height, four sections in all-steel design, electrically welded, rubber-covered rungs, automatically acting safety-pawls, hand-operated extension ladder, 2 m (6½ ft.) in length. Climb ladder at ladder foot. Permissible load and safety of stand of ladder according to DIN 14 105.
Ladder supporting standard: For the ladder set to rest upon in travelling position.
Safety devices: Automatic tilting safety device, electric tilting safety device in connection with the indicator for the field of operations. Anti-bumping device by slip clutch for extending and revolving. Electric anti-bumping device for inclining.
Load indicator with signal device, serving at the same time as anti-bumping warning signal when elevating the ladder.
Telltale lamps for controlling the electric safety devices.
Mechanical stopping devices for elevating, inclining, extending and resting the ladder on the ladder supporting standard.
Stopping of ladder gear as soon as ladder is placed on its supporting standard.
Blocking and relieving devices.
Accessories: Fire fighting equipment auxiliary equipment, tools and lighting utensils as per separate list.

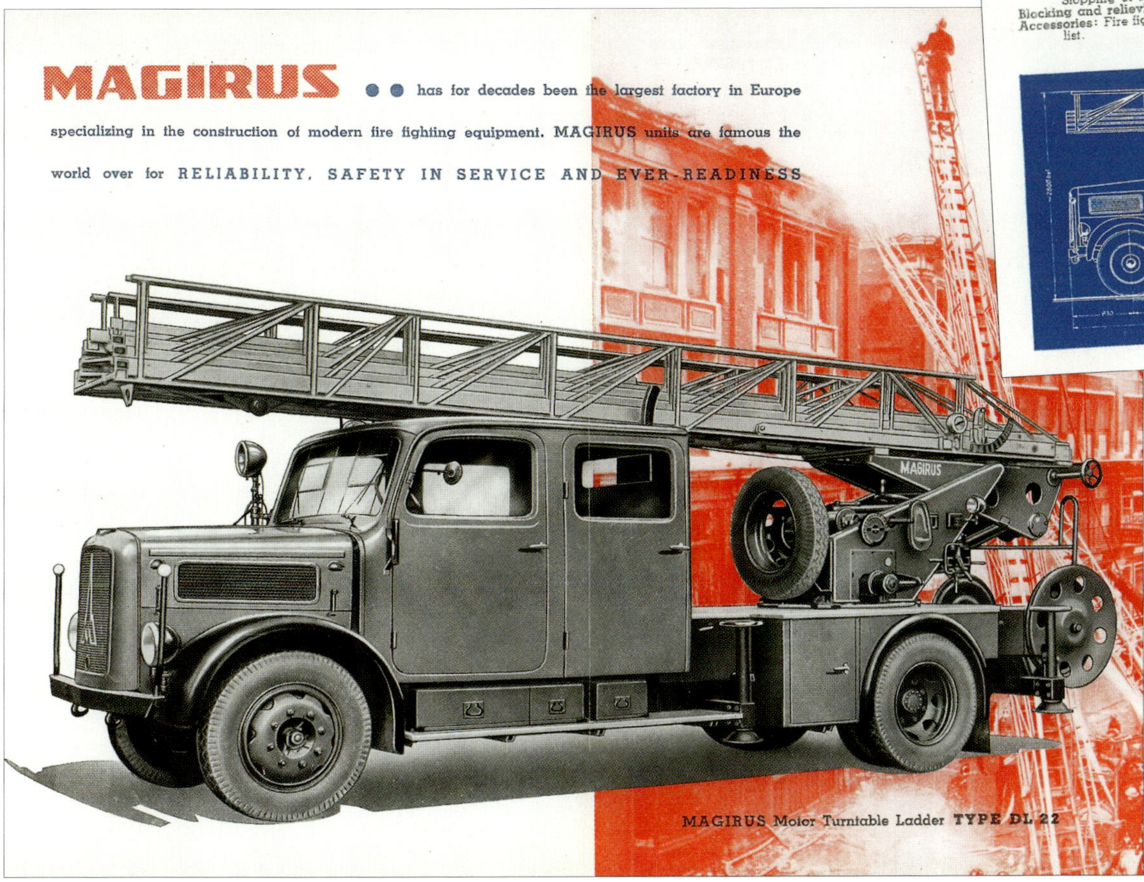

MAGIRUS ● ● has for decades been the largest factory in Europe specializing in the construction of modern fire fighting equipment. MAGIRUS units are famous the world over for RELIABILITY, SAFETY IN SERVICE AND EVER-READINESS

MAGIRUS Motor Turntable Ladder TYPE DL 22

Rechts: *Die ersten nach dem Kriege von Magirus gebauten Tanklöschfahrzeuge entstanden ebenfalls 1948 und waren mit einem halboffenen Geräteaufbau sowie freiliegender Heckpumpe versehen. Diese Anzeige zeigt ein solches Fahrzeug an dem klassischen Fotostandort des Werkes, nämlich am Donauufer vor dem Ulmer Münster.*

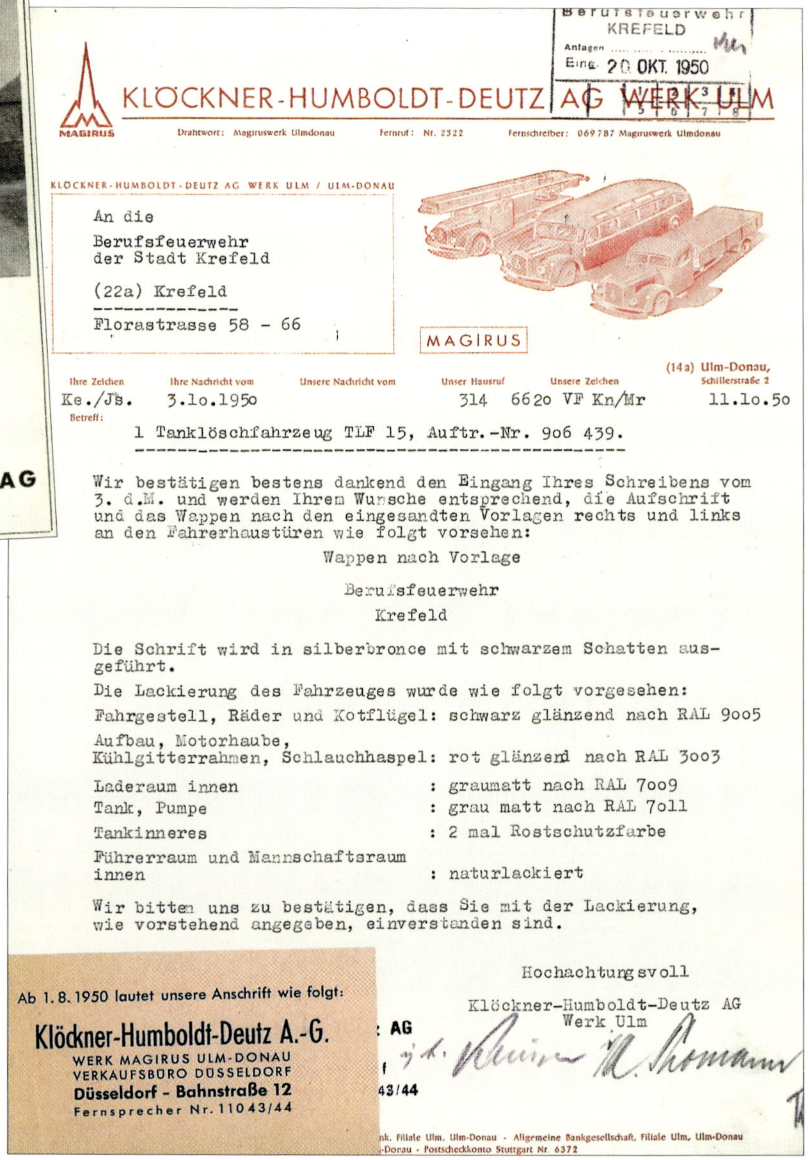

Berufsfeuerwehr
KREFELD
Anlagen ....
Eing. 20 OKT. 1950

KLÖCKNER-HUMBOLDT-DEUTZ AG WERK ULM

MAGIRUS

Drahtwort: Magiruswerk Ulmdonau Fernruf: Nr. 2322 Fernschreiber: 069787 Magiruswerk Ulmdonau

KLÖCKNER-HUMBOLDT-DEUTZ AG WERK ULM / ULM-DONAU

An die

Berufsfeuerwehr
der Stadt Krefeld

(22a) Krefeld

Florastrasse 58 - 66

MAGIRUS

(14a) Ulm-Donau,
Schillerstraße 2

Ihre Zeichen	Ihre Nachricht vom	Unsere Nachricht vom	Unser Hausruf	Unsere Zeichen	
Ke./Js.	3.1o.195o		314	662o VF Kn/Mr	11.1o.5o

Betreff:

1 Tanklöschfahrzeug TLF 15, Auftr.-Nr. 9o6 439.

Wir bestätigen bestens dankend den Eingang Ihres Schreibens vom 3. d.M. und werden Ihrem Wunsche entsprechend, die Aufschrift und das Wappen nach den eingesandten Vorlagen rechts und links an den Fahrerhaustüren wie folgt vorsehen:

Wappen nach Vorlage

Berufsfeuerwehr
Krefeld

Die Schrift wird in silberbronce mit schwarzem Schatten ausgeführt.

Die Lackierung des Fahrzeuges wurde wie folgt vorgesehen:

Fahrgestell, Räder und Kotflügel: schwarz glänzend nach RAL 9oo5

Aufbau, Motorhaube,
Kühlgitterrahmen, Schlauchhaspel: rot glänzend nach RAL 3oo3

Laderaum innen : graumatt nach RAL 7oo9
Tank, Pumpe : grau matt nach RAL 7o11
Tankinneres : 2 mal Rostschutzfarbe
Führerraum und Mannschaftsraum
innen : naturlackiert

Wir bitten uns zu bestätigen, dass Sie mit der Lackierung, wie vorstehend angegeben, einverstanden sind.

Hochachtungsvoll

Klöckner-Humboldt-Deutz AG
Werk Ulm

Ab 1. 8. 1950 lautet unsere Anschrift wie folgt:

Klöckner-Humboldt-Deutz A.-G.
WERK MAGIRUS ULM-DONAU
VERKAUFSBÜRO DÜSSELDORF
Düsseldorf - Bahnstraße 12
Fernsprecher Nr. 11043/44

...nk, Filiale Ulm, Ulm-Donau - Allgemeine Bankgesellschaft, Filiale Ulm, Ulm-Donau
...-Donau - Postscheckkonto Stuttgart Nr. 6372

Oben und links: *Aus diesem Schreiben der Magirus-Werke vom 11. Oktober 1950 geht hervor, dass auch die Berufsfeuerwehr Krefeld ein TLF 15/50 in der Omnibusbauweise – wie abgebildet - beschaffte.*

Unten: *Bis zum Erscheinen des schweren Rundhaubers S 6500 verwendete Magirus das mit einem Reihenmotor ausgerüstete S 6000-Chassis in geringer Stückzahl für Feuerwehraufbauten. Diese grafisch gut gestaltete Werbeanzeige aus dem Jahre 1951 zeigt die Einsatzmöglichkeiten eines auf einem solchen Fahrgestell aufgebauten Rüstkranwagens RKW 7.*

Oben: *Ebenfalls 1951 erschien dieses Inserat zur Internationalen Automobilausstellung Frankfurt a/M. Die DL 52 + 2 m auf dem neuen Magirus-Rundhauber ist wirkungsvoll ins Bild gesetzt.*

DL 17

DL 25

DL 30

DL 52

KRAFTFAHRDREHLEITER

Handbetätigte Kraftfahrdrehleite
in 12 und 17 m Steighöhe mit Ho
und Stahlleitern für Gewerbe, Inc
strie und die Feuerwehr auf eiger
und fremden Fahrgestellen sind z
verlässige Gebrauchsfahrzeuge.

Die Kraftfahrdrehleiter DL 25
einer Steighöhe von 25 + 2 m,
selbsttätig arbeitenden Sicherhe
einrichtungen und vollmaschinelle
Antrieb aller Leiterbewegungen
die meistgebrauchte Leiter im Feu
wehrdienst. Sie erfüllt besonders
bezug auf Wendigkeit und Ben
zungsfeld höchste Ansprüche.

Die Kraftfahrdrehleiter DL 30
einer Steighöhe von 30 + 2 m, selb
tätig arbeitenden Sicherheitseinri
tungen und vollmaschinellem Antr
aller Leiterbewegungen kommt
solchen Fällen zum Einsatz, wo
Steighöhe der DL 25 nicht mehr a
reicht. Sie wird in größeren Städ
bevorzugt.

Die Kraftfahrdrehleiter DL 52
einer Steighöhe von 52 + 2 m,
höchste je gebaute Leiter der W
ist ein Meisterwerk der Magir
Leiterbautechnik. Mit Fahrstuhle
richtung erlaubt sie die Rettung
fährdeter Menschen aus hoch ge
genen Stockwerken. Die gleiche A
führung wird auch mit Steighöh
von 37 und 45 m hergestellt.

Diese Doppelseite: *1953 war das Erscheinungsjahr dieses ausführlichen Feuerwehr-Prospektes mit einem Titel, der einen im Einsatz befindlichen DL 25 mit mechanischem Leiterantrieb zeigt. Die Druckschrift informiert über das vollständige Typenprogramm von der DL 17 bis zum Tragkraftspritzenanhänger.*

LÖSCHFAHRZEUGE

KLF

Kleinlöschfahrzeuge KLF für die Beförderung einer Löschstaffel (1 + 5 Mann), einer Tragkraftspritze und der zugehörigen feuerlöschtechnischen Ausrüstung ermöglichen die weitgehende Motorisierung der Landfeuerwehren. Sie werden von uns auf verschiedene Fahrgestelle aufgebaut.

LF 15

Das Löschfahrzeug LF 15 für eine Gruppenbesetzung (1 + 8 Mann), einer Feuerlöschpumpe mit einer Leistung von 1500 l/min. bei 80 m Förderhöhe und Löschwasserbehälter, ist das seit vielen Jahren bewährte Standardfahrzeug aller Feuerwehren.

LF 25

Das Löschfahrzeug LF 25 ist das Gruppen-Löschfahrzeug für Berufsfeuerwehren großer Städte. Die eingebaute Pumpe hat eine Leistung von 2500 l/min. bei 80 m Förderhöhe, der Wasserbehälter einen Inhalt von 1200 Liter.

TLF 15

Das Tanklöschfahrzeug TLF 15 für eine Löschstaffel-Besetzung ist das Fahrzeug für den ersten Schnelleinsatz. Die in Fahrzeugmitte eingebaute Pumpe hat eine Leistung von 1500 l/min. bei 80 m Förderhöhe, der Wasserbehälter einen Inhalt von mindestens 2400 Liter.

SONDERFAHRZEUGE

RKW 7

Der Rüstkraftwagen RKW 7 mit einem Drehkran für 7 t Tragkraft bei 2,1 m Ausladung, einem Spill für 5 t Seilzug, einem Generator mit 15 KVA Leistung und einer umfassenden Ausrüstung, ist für alle Hilfeleistungen bei Unfällen und Katastrophen das bestgeeignete Fahrzeug.

Schlauchwagen

Der Schlauchwagen wird in zwei Baugrößen gefertigt und dient in erster Linie zur Beförderung großer Schlauchmengen. Entsprechende Einrichtungen gestatten das Verlegen der Schlauchleitungen vom fahrenden Fahrzeug aus.

Flugplatz-Löschfahrzeug

Das Flugplatz-Tanklöschfahrzeug ist ein für die erste Hilfe bei Flugzeugunfällen bestimmtes Löschgerät, das in der Lage ist, in kürzester Frist große Schaummengen auf den Brandherd zu schleudern.

Gerätewagen, Rettungswagen

Gerätewagen, Rettungswagen und dergleichen in verschiedenen Ausführungen, je nach den örtlichen Erfordernissen mit Sonderausrüstungen für Hilfeleistungen aller Art, werden von uns den besonderen Wünschen entsprechend gestaltet.

Rechts und unten: *Magirus-Löschfahrzeuge hat dieser Prospekt aus dem Jahre 1958 zum Inhalt; es werden Tanklösch-, Löschgruppen- und Sonderlöschfahrzeuge vorgestellt. Das Titelbild mit den mutig zum Einsatz vorgehenden Feuerwehrmännern zeigt noch ein in Omnibusbauart gehaltenes TLF 15 der Bauserie von 1953.*

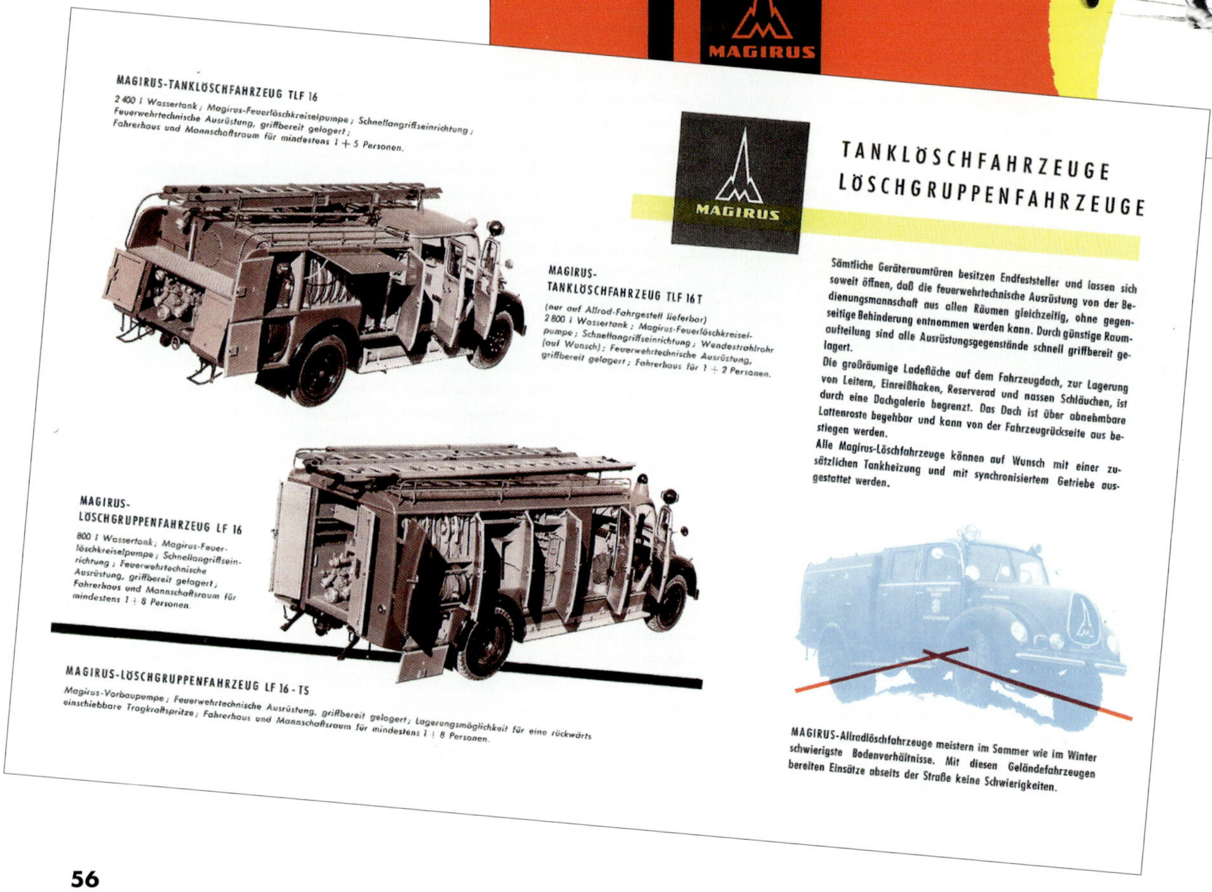

MAGIRUS-TANKLÖSCHFAHRZEUG TLF 16

2 400 l Wassertank; Magirus-Feuerlöschkreiselpumpe; Schnellangriffseinrichtung; Feuerwehrtechnische Ausrüstung, griffbereit gelagert; Fahrerhaus und Mannschaftsraum für mindestens 1 + 5 Personen.

MAGIRUS

TANKLÖSCHFAHRZEUGE
LÖSCHGRUPPENFAHRZEUGE

MAGIRUS-TANKLÖSCHFAHRZEUG TLF 16 T

(nur auf Allrad-Fahrgestell lieferbar) 2 800 l Wassertank; Magirus-Feuerlöschkreiselpumpe; Schnellangriffseinrichtung; Wendestrahlrohr (auf Wunsch); Feuerwehrtechnische Ausrüstung, griffbereit gelagert; Fahrerhaus für 1 + 2 Personen.

Sämtliche Geräteraumtüren besitzen Endfeststeller und lassen sich soweit öffnen, daß die feuerwehrtechnische Ausrüstung von der Bedienungsmannschaft aus allen Räumen gleichzeitig, ohne gegenseitige Behinderung entnommen werden kann. Durch günstige Raumaufteilung sind alle Ausrüstungsgegenstände schnell griffbereit gelagert.

Die großräumige Ladefläche auf dem Fahrzeugdach, zur Lagerung von Leitern, Einreißhaken, Reserverad und nassen Schläuchen, ist durch eine Dachgalerie begrenzt. Das Dach ist über abnehmbare Lattenroste begehbar und kann von der Fahrzeugrückseite aus bestiegen werden.

Alle Magirus-Löschfahrzeuge können auf Wunsch mit einer zusätzlichen Tankheizung und mit synchronisiertem Getriebe ausgestattet werden.

MAGIRUS-LÖSCHGRUPPENFAHRZEUG LF 16

800 l Wassertank; Magirus-Feuerlöschkreiselpumpe; Schnellangriffseinrichtung; Feuerwehrtechnische Ausrüstung, griffbereit gelagert; Fahrerhaus und Mannschaftsraum für mindestens 1 + 8 Personen.

MAGIRUS-LÖSCHGRUPPENFAHRZEUG LF 16-TS

Magirus-Vorbaupumpe; Feuerwehrtechnische Ausrüstung, griffbereit gelagert; Lagerungsmöglichkeit für eine rückwärts einschiebbare Tragkraftspritze; Fahrerhaus und Mannschaftsraum für mindestens 1 + 8 Personen.

MAGIRUS-Allradlöschfahrzeuge meistern im Sommer wie im Winter schwierigste Bodenverhältnisse. Mit diesen Geländefahrzeugen bereiten Einsätze abseits der Straße keine Schwierigkeiten.

Diese Seite: *In Wort und Bild sehr aussagekräftig waren die gegen Ende der fünfziger Jahre erschienenen Magirus-Anzeigen. Sie veranschaulichen den Einsatz von Kran- und Bergefahrzeugen, Drehleitern sowie des Tanklöschfahrzeugs TLF 16.*

Diese Seite: *Für den Export in Länder des französischen Sprachraums bestimmt war dieser Katalog, der sich mit Sonderlöschfahrzeugen für Werkfeuerwehren von Raffinerie- und petrochemischen Betrieben befasst. Für solche Spezialfahrzeuge besonders geeignet war das schwere Rundhauben-Chassis vom Typ F Jupiter, dessen Motor 170 PS leistete.*

Unten: *Etwa im Jahre 1962 führte Magirus bei den mittelschweren Fahrzeugen anlässlich des Übergangs zum 150-PS-Motor wieder eckige Motorhauben und Kotflügel ein. Diese Modelle besaßen im Gegensatz zu den Rundhaubentypen freistehende Scheinwerfer. Dieses Inserat stellt die wesentlichen Feuerwehrfahrzeugtypen jener Bauart vor, nämlich TLF, LF, KW 16 und DL 30.*

Oben: *Einen Eckhauber LF 16 unter Einsatzbedingungen – vorn ein Wehrmann mit einem Schaumrohr – zeigt diese 1964 erschienene Anzeige.*

Rechts und unten: *Das TLF 16 auf einem Eckhauber-Chassis ist Thema dieses Magirus-Sonderprospektes mit seiner gekonnten Phantomzeichnung, die sich über zwei Seiten erstreckt.*

Zweckvoller Aufbau für unabhängigen Einsatz

Mit einem Radstand von 3700 mm sind wahlweise zwei Fahrgestelle vorgesehen. Für den normalen Straßenverkehr das DEUTZ-Fahrgestell Typ F MAGIRUS 150 D 10 und für jedes Gelände das DEUTZ-Fahrgestell Typ F MAGIRUS 150 D 10A.

Die Fahrgetriebe sind vollsynchronisiert. Fahrerhaus und Mannschaftsraum bilden eine Einheit und sind vom Tankaufbau getrennt. Beide sind in Stahlbauweise hergestellt und mit einer schalldämmenden Innenverkleidung versehen. Im Anschluß an den Mannschaftsraum ist der selbsttragende Löschwasserbehälteraufbau mit tiefer Schwerpunktlage elastisch an drei Punkten auf dem Fahrgestellrahmen gelagert. Die Löschwasserbehälter und Geräteräume sind eine Einheit.

An den Löschwasserbehältern ist eine zweistufige Feuerlöschkreiselpumpe fest angeflanscht. Sie kann leicht ausgebaut werden. Der Antrieb erfolgt über eine kurze Gelenkwelle vom Nebenantriebsflansch des Fahrzeuggetriebes aus.

Mindestleistung nach DIN 14420

geod. Saughöhe	Förderstrom	manometrische Ges.Förderhöhe
1,5 m	1600 l/min	80 m WS
1,5 m	800 l/min	120 m WS
7,5 m	800 l/min	80 m WS
erreichte Leistung		
1,5 m	ca. 2800 l/min	80 m WS

Beim Allrad-Fahrzeug ist serienmäßig eine fest eingebaute, absperrbare Saugleitung links unter der vorderen Stoßstange vorgesehen.

Diese Seite: *Über die etwa Mitte der sechziger Jahre bei Magirus erhältlichen Kraftfahr-Drehleitern informiert dieser Prospekt. Die Angebotspalette rechte von der handbetriebenen DL 12 bis zur gewaltigen DL 50, deren Leiterbewegungen hydraulisch gesteuert wurden. Ein Gutschein für eine Vorführfahrt mit einer DL 30 h war beigefügt. Viel Spaß beim Fahren!*

KLÖCKNER-HUMBOLDT-DEUTZ AG · WERK ULM

Seit Jahrzehnten sind die Begriffe MAGIRUS und Autodrehleitern miteinander verbunden. In aller Welt stehen heute MAGIRUS-Drehleitern bereit, um bei der Rettung von Menschenleben und bei der Brandbekämpfung ihre Dienste zu verrichten. Das derzeitige Lieferprogramm umfaßt 8 Typen von 10 bis 50 Meter Steighöhe.

DL 12/18 OPEL

Die Drehleiter auf dem Opel Blitz hat wahlweise eine Steighöhe von 12 (Abbildung) oder 18 m. Bei vollem Aufrichtwinkel kann sie ohne Anschlag um 360 Grad durchgedreht werden. Das Fahrerhaus bietet Platz für 3 Mann einschließlich Fahrer. Diese Leitern können wahlweise für Handbetrieb oder mit hydraulischem Antrieb geliefert werden.

DL 18 h

Für das Aufrichten und Ausziehen der Drehleiter auf dem Fahrgestell F MAGIRUS 90 D 7 sind stufenlos regelbare, hydraulische Antriebe eingebaut.
Der Leitersatz ist dreiteilig und hat eine Steighöhe von maximal 18 m.

DL 25 h / DL 30 h

Diese vollhydraulische Drehleiter auf dem Fahrgestell F MAGIRUS 150 D 10 ist die meistverkaufte DL-Type unseres Lieferprogramms. Sie erfüllt alle Forderungen und Wünsche der Feuerwehren. Die Leiter entspricht DIN 14701.
Wahlweise kann die Drehleiter mit einer Steighöhe von 25 m (Abbildung) und 30 m geliefert werden.
Das Fahrerhaus bietet Raum für den Fahrer und weitere 5 Personen.

DL 37 h / DL 44 h / DL 50 h

Leitersatz: 5-teilig, Steighöhe 37 m (DL 37 h); 6-teilig, Steighöhe 44 m (DL 44 h); oder 6-teilig, Steighöhe 50 m (DL 50 h) lieferbar. Auf Wunsch können bei allen 3 Typen Fahrstuhleinrichtungen eingebaut werden.

Gutschein
für
1 Vorführfahrt

Typ MAGIRUS DL 30 h

Wenden Sie sich bitte an

Herrn

KLÖCKNER-HUMBOLDT-DEUTZ AG
Werk Ulm

Diese Seite: *Referenzlisten zu veröffentlichen, war schon seit jeher gang und gäbe. Man versuchte, mit umfangreichen Auflistungen neue Kunden zu überzeugen und ihnen die Kaufentscheidung zu erleichtern. Diese im Februar 1966 abgeschlossene, katalogähnliche Ausgabe listet alle seit 1953 im In- und im Ausland verkauften hydraulischen Drehleitern auf. In diesem Zeitraum konnten weit über 450 dieser Fahrzeuge geliefert werden.*

Deutschland

		Anzahl	Steighöhe
Aachen	Berufsfeuerwehr	2	30 m
Aachen	Freiwillige Feuerwehr	1	30 m
Altdorf (Bayern)	Freiwillige Feuerwehr	1	18 m
Augsburg	Berufsfeuerwehr	1	30 m
Aurich (Niedersachsen)	Freiwillige Feuerwehr	1	30 m
Bad Mergentheim (Württ.)	Freiwillige Feuerwehr	1	30 m
Bad Sooden-Allendorf (Hessen)	Freiwillige Feuerwehr	1	25 m
Bamberg (Bayern)	Freiwillige Feuerwehr	1	18 m
		1	30 m
Bayreuth (Bayern)	Freiwillige Feuerwehr	1	30 m
Berleburg (Nordrh.-Westf.)	Freiwillige Feuerwehr	1	30 m
Biberach/Riß (Württ.)	Freiwillige Feuerwehr	1	30 m
Birkenfeld (Baden-Württ.)	Freiwillige Feuerwehr	1	25 m
Bochum	Berufsfeuerwehr	2	30 m
Bochum	Adam Opel AG	1	30 m
Bonn	Berufsfeuerwehr	1	30 m
Boppard (Rhld.-Pfalz)	Freiwillige Feuerwehr	1	25 m
Brake (Unterweser)	Freiwillige Feuerwehr	1	30 m
Bremen	Berufsfeuerwehr	2	30 m
Bremerhaven	Berufsfeuerwehr	1	30 m
Bruchsal (Baden-Württ.)	Landesfeuerwehrschule	1	30 m
Celle (Niedersachsen)	Freiwillige Feuerwehr	1	30 m
Coburg (Bayern)	Freiwillige Feuerwehr	1	30 m
Delmenhorst (Oldb.)	Freiwillige Feuerwehr	1	30 m
Dietzenbach (Hessen)	Freiwillige Feuerwehr	1	30 m
Dortmund	Berufsfeuerwehr	2	30 m
		1	37 m
Dortmund	Westfalenhütte AG.	1	25 m
Dülken (Rhld.)	Freiwillige Feuerwehr	1	30 m
Düsseldorf	Berufsfeuerwehr	5	30 m
Duisburg	Berufsfeuerwehr	3	30 m
Duisburg	Mannesmann AG. Hüttenwerk Huckingen	1	30 m
Duisburg	Phoenix-Rheinrohr AG.	1	30 m
Ebingen (Württ.)	Freiwillige Feuerwehr	1	30 m
Elmshorn (Schleswig-Holstein)	Freiwillige Feuerwehr	1	30 m
Erlangen (Bayern)	Freiwillige Feuerwehr	1	25 m
Eschwege (Hessen)	Freiwillige Feuerwehr	1	25 m
Flensburg (Schleswig-Holstein)	Berufsfeuerwehr	1	30 m
Frankfurt (Main)	Casella Farbwerke Mainkur AG.	1	25 m
Frankfurt (Main)	Berufsfeuerwehr	1	8 m
		4	30 m
		1	50 m
Frankfurt (Main)	Farbwerke Höchst AG.	1	30 m
Frankfurt (Main)	Frankfurt Intercontinental Hotels GmbH.	1	30 m

		Anzahl	Steighöhe
[illegible]d.)	Freiwillige Feuerwehr	1	30 m
Fürstenfeldbruck (Bayern)	Freiwillige Feuerwehr	1	30 m
Fürth (Bayern)	Stadtwerke	1	18 m
Fulda (Hessen)	Freiwillige Feuerwehr	1	30 m
Garmisch-Partenkirchen (Bayern)	Freiwillige Feuerwehr	1	30 m
Geislingen (Baden-Württ.)	Freiwillige Feuerwehr	1	30 m
Gelsenkirchen	Berufsfeuerwehr	4	30 m
Gerlingen (Württ.)	Freiwillige Feuerwehr	1	18 m
Giengen/Brenz (Württ.)	Freiwillige Feuerwehr	1	25 m
Göppingen (Württ.)	Freiwillige Feuerwehr	1	30 m
Groß-Gerau (Hessen)	Freiwillige Feuerwehr	1	30 m
Gummersbach (Rhld.)	Freiwillige Feuerwehr	1	25 m
Günzburg (Bayern)	Freiwillige Feuerwehr	1	18 m
Hagen (Westf.)	Berufsfeuerwehr	1	18 m
Hamburg	Hamburgische Electricitäts-	3	18 m
	Werke AG.	3	23 m
Hamburg	Deutsche Shell AG.		
	Raffinerie Godorf bei Köln	1	18 m
	Raffinerie Godorf bei Köln	1	30 m
	Raffinerie Hamburg-Harburg	1	18 m
	Raffinerie Hamburg-Harburg	1	30 m
Hameln (Niedersachsen)	Freiwillige Feuerwehr	1	30 m
Hanau (Hessen)	Freiwillige Feuerwehr	1	30 m
Heesen (Nordrh.-Westf.)	Freiwillige Feuerwehr	1	30 m
Heilbronn (Neckar)	Freiwillige Feuerwehr	1	30 m
Herford (Nordrh.-Westf.)	Freiwillige Feuerwehr	1	30 m
Herne (Westf.)	Freiwillige Feuerwehr	1	30 m
Hildesheim (Niedersachsen)	Freiwillige Feuerwehr	1	30 m
Hürth-Hermülheim (Rhld.)	Freiwillige Feuerwehr	1	30 m
Ibbenbüren (Nordrh.-Westf)	Freiwillige Feuerwehr	1	30 m
Ingolstadt (Bayern)	Freiwillige Feuerwehr	1	30 m
Kaufbeuren (Bayern)	Freiwillige Feuerwehr	1	25 m
Kehl (Rhein)	Freiwillige Feuerwehr	1	30 m
Kempen (Niederrhein)	Freiwillige Feuerwehr	1	30 m
Kempten (Allgäu)	Freiwillige Feuerwehr	1	18 m
		1	25 m
Kirchheim/Teck (Württ.)	Freiwillige Feuerwehr	1	25 m
Kleve (Nordrh.-Westf.)	Freiwillige Feuerwehr	1	30 m
Knapsack (Nordrh.-Westf.)	Knapsack-Griesheim AG.	1	30 m
Konstanz (Bodensee)	Freiwillige Feuerwehr	1	30 m
Köln	Berufsfeuerwehr	2	30 m
Köln	Gas-, Elektrizitäts- u. Wasserwerke	1	18 m
Kulmbach (Bayern)	Freiwillige Feuerwehr	1	30 m

Rechts und unten: *Magirus-Feuerwehrfahrzeug-Verkaufsprogramm Mitte der sechziger Jahre, dargestellt in Schattenrissen. Fast alle Fahrzeuge basieren auf den damals aktuellen Eckhauber-Fahrgestellen. Es war schon ein recht umfangreiches Repertoire, das nahezu alle Einsatzbereiche des Feuerwehrwesens abdeckte.*

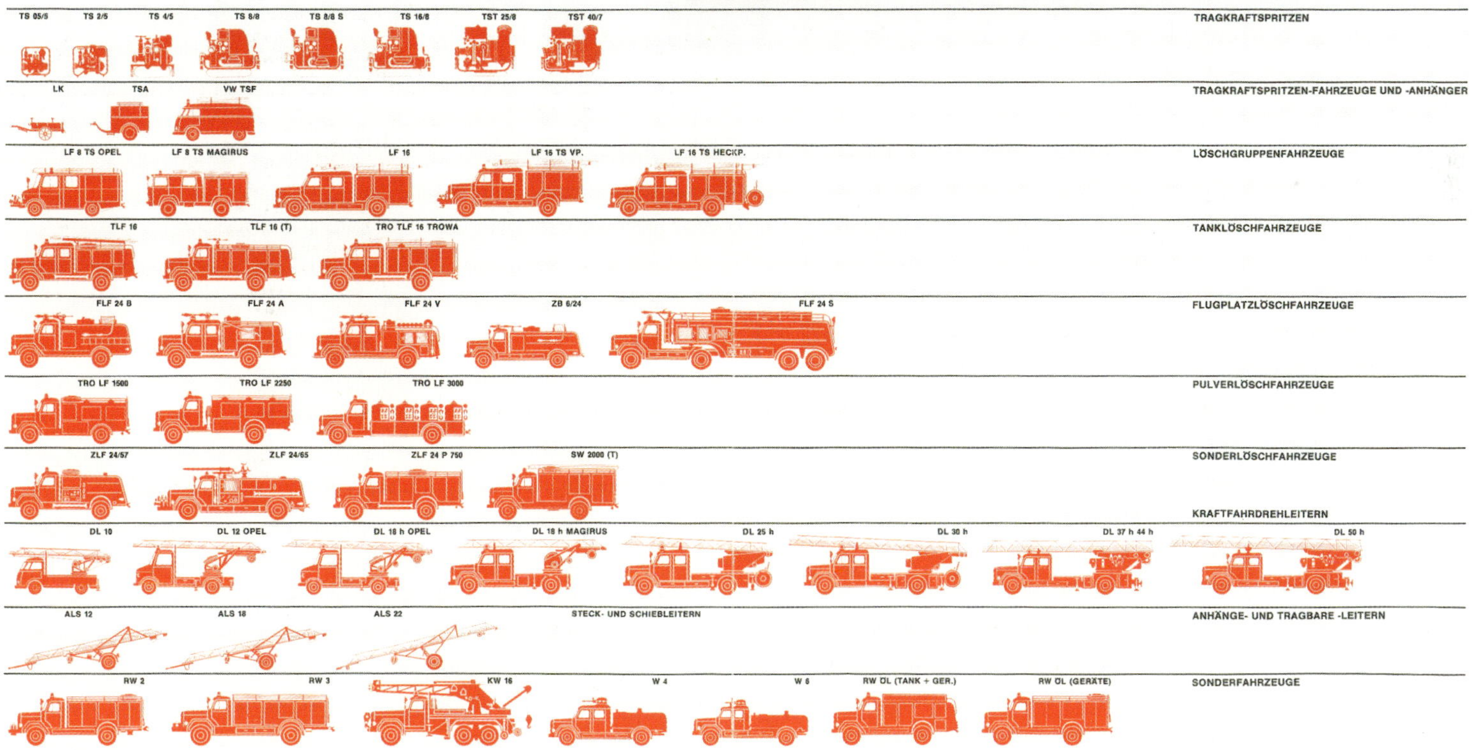

Diese Seite: *Beim Trocken-Tanklöschfahrzeug TroTLF 16 waren die drei Löschmittel Wasser, Pulver und Schaum (letzterer in Kanistern abgefüllt) verfügbar. Dieses vielseitig einsetzbare Kombinationsfahrzeug wurde in den sechziger Jahren von mehreren Herstellern angeboten. Weit verbreitet war das Magirus-Eckhaubermodell, das in diesem Sonderprospekt anschaulich dargestellt und beschrieben wird.*

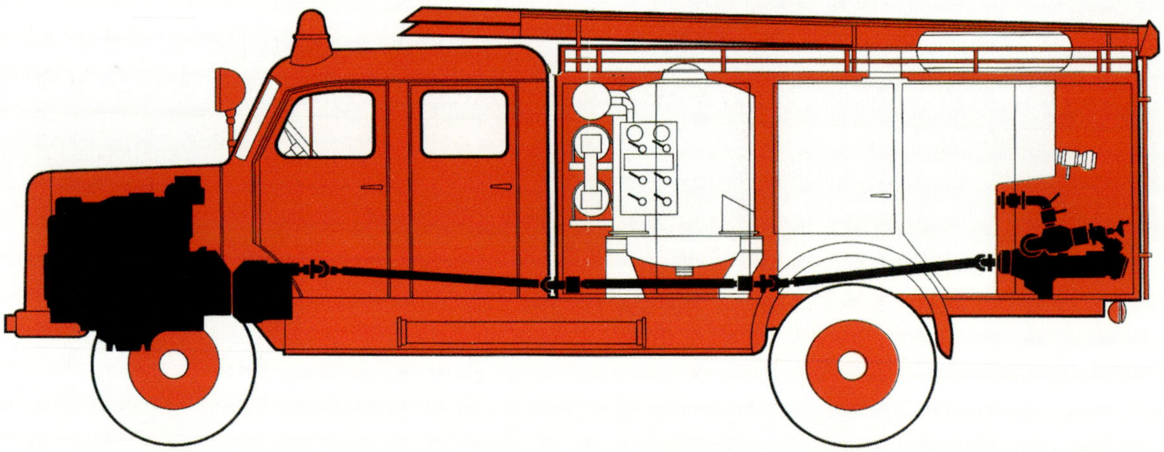

Ein Sonderfahrzeug - vielseitig ausgerüstet

Der eingebaute Löschwasserbehälter ist aus Stahlblech hergestellt und innerhalb des Geräteaufbaus direkt über dem Rahmen mit tiefer Schwerpunktlage elastisch gelagert. Als Korrosionsschutz hat der Behälter eine Innenauskleidung. Löschwasserinhalt 1600 Liter. Zur Ausrüstung des Löschwasserbehälters gehören:

1 absperrbarer Füllstutzen mit B-Fest- und Blindkupplung, 1 Überlaufrohr mit Schwallwasserbremse, 1 Wasserstandanzeiger mit Schwimmer und 1 Tanksaugrohr.
Als Schnellangriffseinrichtung befindet sich im hinteren Geräteraum rechts eine eingebaute Schlauchhaspel für 30 m formfesten Druckschlauch S 28. Sie ist über eine absperrbare Leitung mit der Druckseite der Pumpe verbunden. Um ein einwandfreies Abziehen des Druckschlauches zu gewährleisten, ist in die Haspel eine einseitig wirkende, automatisch arbeitende Bremse eingebaut.

Im vorderen Teil des Geräteraumes ist die Trockenlöschanlage untergebracht. Löschpulverinhalt 750 kg. Zur Trockenlöschanlage gehören noch zwei, je 30 m lange, Löschpulver-Druckschläuche C 42, dazu zwei Strahlrohre.

Diese Seite: *Bereits 1957 wurde der erste hydraulische 15-t-Kranwagen von Magirus auf einem schweren Eckhauber-Dreiachs-Chassis an die Berufsfeuerwehr Stuttgart ausgeliefert. Dieses nahezu konkurrenzlose Modell bewährte sich insbesondere bei Einsätzen nach Verkehrsunfällen und bei der Bergung von Lasten und Fahrzeugen so gut, dass von ihm und seinem Nachfolgemodell KW 16 insgesamt 54 Kranwagen an Feuerwehren, aber auch an Bergeunternehmen verkauft werden konnten.*

Diese Seite: *Die Maschinenfabrik Augsburg-Nürnberg AG, kurz MAN, hatte bis zum Beginn der sechziger Jahre, abgesehen von einigen Ausnahmen, kaum Anteil an den in Deutschland zugelassenen Feuerwehrfahrzeugen. Dies änderte sich, als eine neu konzipierte Kurzhauber-Baureihe erschien und Feuerwehrfahrzeuge auf diesen Fahrgestellen zum Beispiel auch von der Berufsfeuerwehr Berlin in größeren Stückzahlen angeschafft wurden. Diese Prospektausschnitte stammen von ca. 1965.*

M·A·N
450 H-LF
450 HA-LF

Das ausgereifte Feuerwehr-Fahrgestell mit Kurzhauber-Fahrerhaus oder Fahrerhausansatz für Löschfahrzeuge, Tanklöschfahrzeuge und Gerätewagen

TECHNISCHE AUSFÜHRUNG

Motor: M.A.N.-Diesel-*Hm*-Motor D 0846 HM 2. Wassergekühlter 6-Zylinder-4-Takt-Reihenmotor. Arbeitsweise nach dem geräuscharmen M.A.N.-Mittenkugel-Verbrennungsverfahren mit direkter Strahleinspritzung.

Bohrung	108 mm
Hub	132 mm
Hubraum	7252 ccm
Leistung	160 PS bei 2500 U/min
max. Drehmoment	49 mkp bei 1600 U/min
spez. Kraftstoffverbrauch	160 g/PSh
Kraftstoffverbrauch DIN 70030	17,2 l/100 km

Fahrgestellrahmen: 2, aus hochwertigem Stahl gepreßte U-Profil-Längsträger mit eingenieteten Querträgern.

Kupplung: F & S-Einscheiben-Trockenkupplung G 310 Kz verst. mit hydraulischer Betätigung.

Getriebe: ZF-5-Gang-Synchron-Getriebe S 5–35 mit Nebenantrieb N 35/4 und Getriebeölkühlung. Drehrichtung links wie Motor.

Verteilergetriebe: G 300 i Straße = 1 : 1
i Gelände = 1 : 1,755 (Allrad-Antrieb)

Vorderachse: Gerade Faustachse geschmiedet aus hochlegiertem Stahl. Bei Allradantrieb: Bauweise wie M.A.N.-Hinterachse mit 2 Rollendoppelgelenken für den Radeinschlag.

Hinterachse: M.A.N.-Bauweise, Tragachse und Triebachse getrennt, Seitengehäuse mit Stirnradübersetzung, eingebaute Ölpumpe zur Schmierung der Zahnräder und Lager des Achstriebwerks. Differentialsperre auf Wunsch. Stabilisator.

Lenkung: ZF-Gemmer-Lenkung, GD 58 geteilte Ausführung.

Fußbremse: Die Vorderräder werden druckluft-hydraulisch, die Hinterräder mit Druckluft gebremst.

Handbremse: Sie wirkt auf die Hinterräder und wird durch einen als Federspeicher ausgebildeten Vorspannzylinder in der Bremskraft unterstützt.

Motorbremse: Druckluftbetätigte Auspuffbremse.

Federung: Progressiv wirkende Halbelliptik-Abwälz-Stufen-Blattfedern hinten, vorn Halbelliptik-Blattfedern.

Elektrische Anlage:

Drehstromlichtmaschine	12 Volt/490 Watt
Anlasser	24 Volt/4 PS
2 Batterien je	12 Volt/135 Ah

Kraftstoffbehälter: 1 Behälter 100 l Inhalt, unter dem Beifahrersitz mit Kraftstoffmeßanlage.

Räder: Scheibenräder mit Schrägschulter-Felgen 6,5–20 super.

Bereifung: 8,25–20 verst., auf Wunsch super.

Oben und rechts: *Auf diesen informativ gestalteten, doppelseitigem Prospektblatt aus der zweiten Hälfte der sechziger Jahre stellt die MAN die für Feuerwehraufbauten konzipierten Kurzhauber-Fahrgestelle der Modellreihen 450 H-LF und HA-LF vor. Hinsichtlich Motor- und Fahrleistungen konnte MAN mit der Konkurrenz durchaus mithalten.*

M·A·N
450 H-LF
450 HA-LF

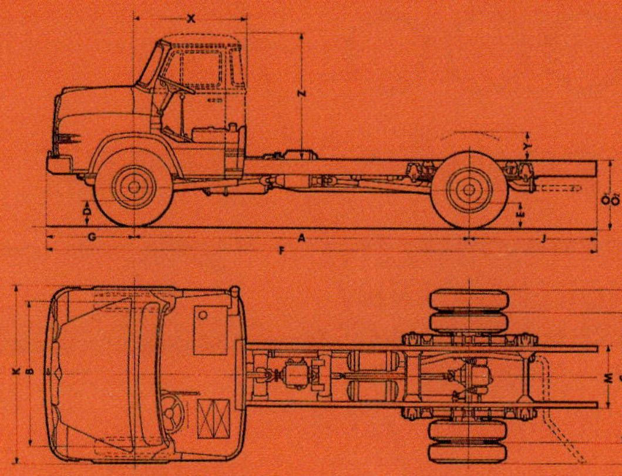

ABMESSUNGEN in mm

				Allradantrieb	
A	Radstand	3600	4200	3600	4200
B	Spurweite vorn	1824	1824	1824	1824
C	Spurweite hinten	1632	1632	1632	1632
D	Bodenfreiheit vorn, belastet ca.	430	430	310	310
E	Bodenfreiheit hinten, belastet ca.	310	310	310	310
F	Länge über alles ca.	6300	6900	6300	6900
G	Vorderer Fahrzeugüberhang	1110	1110	1110	1110
J	Hinterer Rahmenüberhang	1590	1590	1590	1590
K	Breite über Fahrerhaus	2200	2200	2200	2200
L	Breite über äußere Hinterräder	2140	2140	2140	2140
M	Rahmenbreite	770	770	770	770
O	Rahmenhöhe belastet ca.	840	840	840	840
X	Abstand Vorderachse – Fahrerhausrückwand	1380	1380	1380	1380
Y	Abstand Rahmenoberkante – Kotflügelinnenseite	300	300	300	300
Z	Abstand Rahmenoberkante – Fahrerhaus	1575	1575	1575	1575
	Kleinster Spurkreis-⌀ in m	14,6	16,7	14,6	16,7
	Kleinster Wendekreis-⌀ in m	15,8	17,9	15,8	17,9

GEWICHTE in kp

Fahrgestellgewicht mit Fahrerhausansatz ohne Fahrer, Werkzeug und Reserverad	3645	3665	3980	4000
Fahrgestellachslast vorn ca.	2300	2300	2580	2580
Fahrgestellachslast hinten ca.	1345	1365	1400	1420
Fahrgestelltragfähigkeit bis	7575	7555	7240	7220
Zul. Vorderachslast (verst. Bereifung)	3740	3740	3800	3800
(Super-Bereifung)	3800	3800	4000	4000
Zul. Hinterachslast (verst. Bereifung)	7480	7480	7480	7480
(Super-Bereifung)	7600	7600	7600	7600
Zul. Gesamtgewicht (verst. Bereifung)	11220	11220	11220	11220
(Super-Bereifung)	11400	11400	11600	11600

ÜBERSETZUNGEN, GESCHWINDIGKEITEN, STEIGFÄHIGKEITEN

Hinterachs-Übersetzung 6,32 (serienmäßig), auf Wunsch 7,11

Getriebe-Übersetzungen	**450 H-LF** Dienstgewicht 11 000 kp, techn. mögliches Gesamtgewicht 11 600 kp*							
	Geschwindigkeiten in km/h bei				Steigfähigkeiten** in % in Höhenlagen bis 500 m ü. d. M.			
	max. Drehzahl		max. Drehmoment					
Hinterachs-Übersetzung	**6,32**	7,11	**6,32**	7,11	**6,32**	7,11	**6,32***	7,11*
1. Gang 6,45	11,1	8,9	6,9	6,1	31,2	35,4	29,5*	33,4*
2. Gang 3,39	21,1	18,8	13,1	11,7	15,4	17,7	14,5*	16,6*
3. Gang 1,82	39,3	35,0	24,3	21,6	7,2	8,5	6,8*	8,0*
4. Gang 1,00	71,5	63,7	44,3	39,4	3,1	3,8	2,9*	3,5*
5. Gang 0,744	96,1	85,5	59,5	53,0	1,8	2,3	1,6*	2,1*
Rückwärtsg. 5,78	12,4	11,0	7,7	6,8	27,8	31,4	26,2*	30,0*

Getriebe-Übersetzungen	**450 HA-LF** Dienstgewicht 11 000 kp, techn. mögliches Gesamtgewicht 11 600 kp*															
	Geschwindigkeiten in km/h bei								Steigfähigkeiten** in % in Höhenlagen bis 500 m ü. d. M.							
	max. Drehzahl				max. Drehmoment				10 000 kg				11 600 kg			
	a		b		a		b		a		b		a*		b*	
Hinterachs-Übersetzung	**6,32**	7,11	**6,32**	7,11	**6,32**	7,11	**6,32**	7,11	**6,32**	7,11	**6,32**	7,11	**6,32**	7,11	**6,32**	7,11
1. Gang 6,45	11,1	8,9	6,3	5,6	6,9	6,1	3,9	3,5	31,2	35,4	56,4	63,7	29,5	33,4	53,3	60,7
2. Gang 3,39	21,1	18,8	12,0	10,7	13,1	11,7	7,4	6,6	15,4	17,7	28,5	32,7	14,5	16,6	27,0	30,8
3. Gang 1,82	39,3	35,0	22,4	20,0	24,3	21,6	13,9	12,4	7,2	8,5	15,4	16,5	6,8	8,0	14,5	15,7
4. Gang 1,00	71,5	63,7	40,7	36,2	44,3	39,4	25,2	22,4	3,1	3,8	7,1	8,4	2,9	3,5	6,6	8,0
5. Gang 0,744	96,1	85,5	54,7	48,7	59,5	53,0	33,9	30,2	1,8	2,3	4,7	5,6	1,6	2,1	4,4	5,2
Rückwärtsg. 5,78	12,4	11,0	7,0	6,2	7,7	6,8	4,4	3,9	27,8	31,4	50,3	56,7	26,2	30,0	47,7	54,2

Verteilergetriebe-Übersetzung: a = Straßengang 1 : 1, b = Geländegang 1 : 1,759

* Technisch mögliches Gesamtgewicht bei Bereifung 8,25–20 super   ** Die technisch zulässige Steigfähigkeit beträgt 30,0 %

Text und Abbildungen unverbindlich. Änderungen, bedingt durch den technischen Fortschritt, vorbehalten.

MASCHINENFABRIK AUGSBURG-NÜRNBERG AKTIENGESELLSCHAFT · WERK MÜNCHEN

D 82 1525   Printed in W.-Germany   4. R. 0,5. tü

Oben: *Die Daimler-Benz AG war seit jeher stark im Feuerwehrgeschäft engagiert. Zn dieser im Jahre 1929 in der Fachschrift »Reichsverein deutscher Feuerwehringenieure« erschienenen Anzeige wird hervorgehoben, dass bisher über 1000 Daimler-Benz-Produkte von Feuerwehren in Dienst gestellt worden seien. Schon frühzeitig arbeitere Daimler-Benz mit dem Feuerwehrausrüster Metz in Karlsruhe zusammen.*

Unten: *Der von Daimler-Benz verkündete Aufruf »Bekämpft Feuer durch Mercedes-Benz-Feuerwehrgeräte« wird in dem Fachblatt »Feuerschutz« durch ein stilisiert dargestellte Drehleiter des Typs Mercedes-Benz LD 2 wirkungsvoll unterstrichen.*

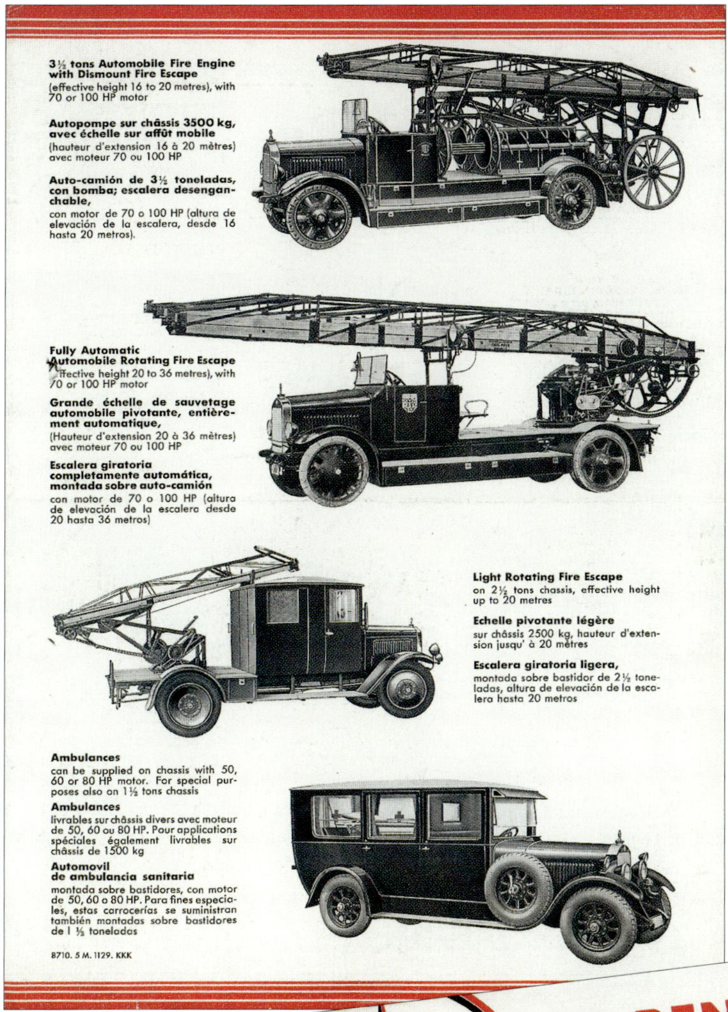

3½ tons Automobile Fire Engine with Dismount Fire Escape
(effective height 16 to 20 metres), with 70 or 100 HP motor

Autopompe sur châssis 3500 kg, avec échelle sur affût mobile
(hauteur d'extension 16 à 20 mètres) avec moteur 70 ou 100 HP

Auto-camión de 3½ toneladas, con bomba; escalera desenganchable,
con motor de 70 o 100 HP (altura de elevación de la escalera, desde 16 hasta 20 metros).

Fully Automatic Automobile Rotating Fire Escape
(effective height 20 to 36 metres), with 70 or 100 HP motor

Grande échelle de sauvetage automobile pivotante, entièrement automatique,
(Hauteur d'extension 20 à 36 mètres) avec moteur 70 ou 100 HP

Escalera giratoria completamente automática, montada sobre auto-camión
con motor de 70 o 100 HP (altura de elevación de la escalera desde 20 hasta 36 metros)

Light Rotating Fire Escape
on 2½ tons chassis, effective height up to 20 metres

Echelle pivotante légère
sur châssis 2500 kg, hauteur d'extension jusqu' à 20 mètres

Escalera giratoria ligera,
montada sobre bastidor de 2½ toneladas, altura de elevación de la escalera hasta 20 metros

Ambulances
can be supplied on chassis with 50, 60 or 80 HP motor. For special purposes also on 1½ tons chassis

Ambulances
livrables sur châssis divers avec moteur de 50, 60 ou 80 HP. Pour applications spéciales également livrables sur châssis de 1500 kg

Automovil de ambulancia sanitaria
montada sobre bastidores, con motor de 50, 60 o 80 HP. Para fines especiales, estas carrocerías se suministran también montadas sobre bastidores de 1 ½ toneladas

8710. 5 M. 1129. KKK

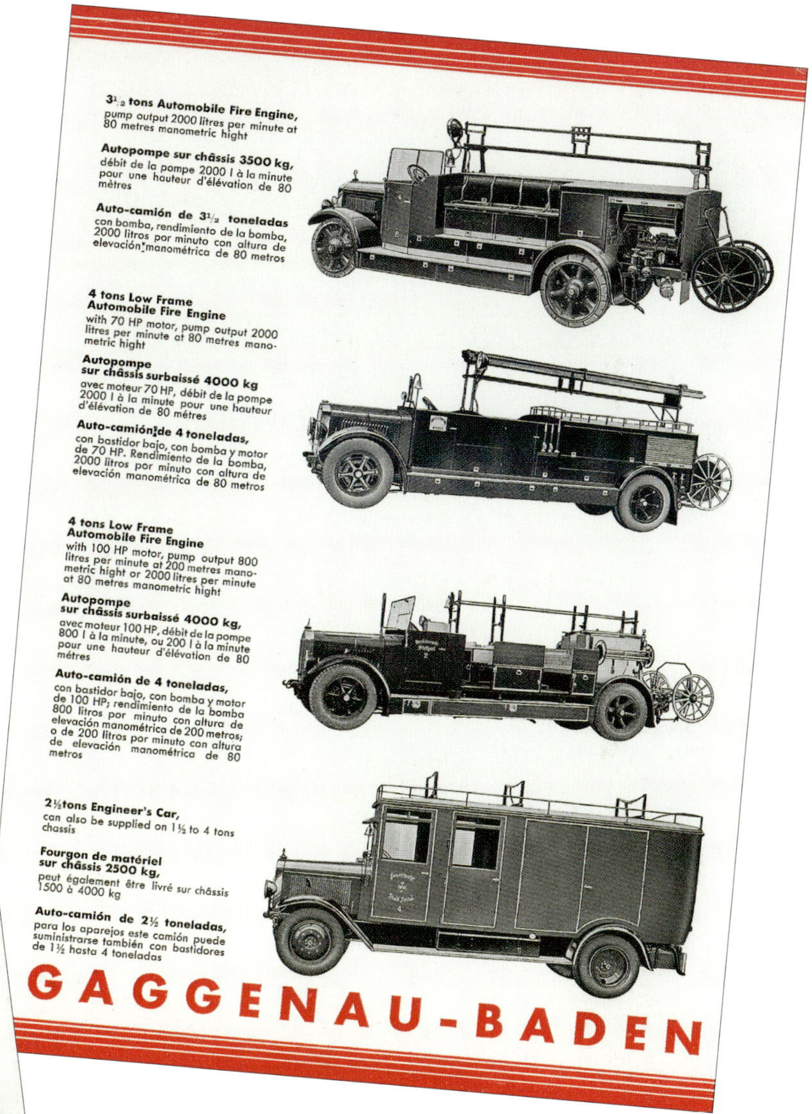

3½ tons Automobile Fire Engine,
pump output 2000 litres per minute at 80 metres manometric hight

Autopompe sur châssis 3500 kg,
débit de la pompe 2000 l à la minute pour une hauteur d'élévation de 80 mètres

Auto-camión de 3½ toneladas
con bomba, rendimiento de la bomba, 2000 litros por minuto con altura de elevación manométrica de 80 metros

4 tons Low Frame Automobile Fire Engine
with 70 HP motor, pump output 2000 litres per minute at 80 metres manometric hight

Autopompe sur châssis surbaissé 4000 kg
avec moteur 70 HP, débit de la pompe 2000 l à la minute pour une hauteur d'élévation de 80 métres

Auto-camión de 4 toneladas,
con bastidor bajo, con bomba y motor de 70 HP. Rendimiento de la bomba, 2000 litros por minuto con altura de elevación manométrica de 80 metros

4 tons Low Frame Automobile Fire Engine
with 100 HP motor, pump output 800 litres per minute at 200 metres manometric hight or 2000 litres per minute at 80 metres manometric hight

Autopompe sur châssis surbaissé 4000 kg,
avec moteur 100 HP, débit de la pompe 800 l à la minute, ou 200 l à la minute pour une hauteur d'élévation de 80 métres

Auto-camión de 4 toneladas,
con bastidor bajo, con bomba y motor de 100 HP; rendimiento de la bomba 800 litros por minuto con altura de elevación manométrica de 200 metros; o de 200 litros por minuto con altura de elevación manométrica de 80 metros

2½tons Engineer's Car,
can also be supplied on 1½ to 4 tons chassis

Fourgon de matériel sur châssis 2500 kg,
peut également être livré sur châssis 1500 à 4000 kg

Auto-camión de 2½ toneladas,
para los aparejos este camión puede suministrarse también con bastidores de 1½ hasta 4 toneladas

GAGGENAU-BADEN

Diese Seite: *Zu Beginn der dreißiger Jahre erschien dieser mehrseitige, auf den Export ausgerichtete Prospekt, der über Automobilspritzen, Gerätewagen, Drehleitern und Krankenwagen informiert. Es fällt auf, dass noch fast alle angebotenen Fahrzeuge über offene Mannschafts- und Geräteaufbauten verfügen.*

Um 1952 gab Daimler-Benz einen Sonderprospekt über Kommunal- und Feuerwehrfahrzeuge heraus, dessen Titelseite die neuen mittelschweren Fahrzeugmodelle des Typs L 3500 optisch wirkungsvoll ins Bild setzt.

Unter dem Begriff Sonderfahrzeuge rangiert in diesem Prospekt das allradgetriebene Tanklöschfahrzeug TLF 15 auf Mercedes-Benz LAF 3500. Darüber hinaus aber waren »richtige« Sonder- und Spezialfahrzeuge – wie aufgeführt – ebenfalls erhältlich.

Typ LAF 15

Sonderfahrzeuge

Das Tanklöschfahrzeug Typ TLF 15 ist, wie in der Produktionsübersicht weiter vorn schon einmal kurz erwähnt, auf Wunsch auch mit Allradantrieb auf Fahrgestell »Typ LAF 3500« lieferbar. In dieser Ausführung ist das Fahrzeug auch in schwierigem Gelände einsatzfähig, wovon die beiden nebenstehenden Bilder einen plastischen Begriff geben.
Angebote auf sonstige Sonderfahrzeuge, z. B. Spezial-Lösch- und Bergungsfahrzeuge für Flugplatzfeuerwehren, Sonderausführungen usw., bitten wir bei unserem Werk Gaggenau anzufordern.

Rüstkraftwagen R 10

Diese Seite: *Der mittelschwere Lkw-Typ Mercedes-Benz L 3500 war in den fünfziger Jahren mit Abstand das meistverkaufte Lkw-Modell seiner Klasse in Deutschland, entsprechend groß war dessen Verbreitung für Feuerwehraufbauten. Auf diesen in Feuerwehrfachzeitschriften erschienenen Anzeigen wird sowohl für Tanklöschfahrzeuge als auch für Drehleitern geworben. Alle Modelle besaßen Metz-Aufbauten.*

Oben und links: *Aus der Mercedes-Benz-Kurzhauber-Ära der sechziger Jahre stammen diese beiden Anzeigen, die von Daimler-Benz in der Fachpresse veröffentlicht wurden. Es wird die enge Zusammenarbeit mit der Firma Metz hervorgehoben.*

Die Mercedes-Benz-Metz Autodrehleiter

Bereits am Anfang dieses Jahrhunderts beschäftigten sich die Firmen Carl Metz und Daimler-Benz mit Motordrehleiter-Konstruktionen, bei denen die Leiterbewegungen für Aufrichten, Neigen, Ausziehen und Drehen durch den Fahrzeugmotor betätigt werden sollte. Wenn auch diese Arbeiten zeitweise unterbrochen worden sind, so wurden sie doch immer wieder aufgenommen und allmählich ganz neue, für die Feuerbekämpfungstechnik grundlegende Konstruktionen geschaffen. Im Jahre 1922 konnte die weltbekannte Feuerwehrgerätefabrik Carl Metz, Karlsruhe, der technischen Kommission des Reichsverein deutscher Feuerwehringenieure eine Leiter vorführen, die zum großen Teil mit den automatischen Sicherheitseinrichtungen versehen war, wie sie heute noch nach den berühmten Metz-Patenten ausgeführt werden. Leitergetriebe, Leiterpark und Sicherheitsschaltungen wurden inzwischen so verbessert, daß sie eine nie geahnte Leistung und einen konkurrenzlosen Grad der Vollkommenheit erreicht haben.

Durch die jahrzehntelangen Erfahrungen der Firmen Metz und Daimler-Benz im Bau von Drehleitern und hochwertigen Spezial-Fahrgestellen wurde es möglich, den Ansprüchen aller Wehren – besonders auch den Wünschen ausländischer Organisationen – nach Leitern mit großen Steighöhen Rechnung zu tragen. So konnten im Jahre 1925 Motordrehleitern von 36,5 m Steighöhe nach Rußland und anschließend 38 m-Leitern nach Courbevoie, Wien und Rio de Janeiro, sowie eine 42 m-Leiter nach Brüssel geliefert werden. Diese Geräte gehören zu den höchsten in regelmäßigem Dienst der Feuerwehr stehenden Leitern der Welt.

Die erste Stahl-Leiter, bei der die einzelnen Leiterteile mit Ober- und Untergurtung und Stahlsprossen mit Holzbelag versehen waren, wurde von der Firma Metz schon im Jahre 1924 gebaut. Zu gleicher Zeit brachte Metz eine stahlarmierte Holzleiter auf den Markt, die Steighöhen bis zu 40 m zuließ. 1930 ging man einen Schritt weiter und baute einen Leiter-Typ, bei der die Unter- und Obergurten auf Zug und Druck beansprucht werden konnten. Anschließend folgte als Neuheit je eine **Leichtmetalleiter** von 20 m und 42 m Steighöhe für die Stadt Brüssel. Da auf die letztere Leiter ein sechstes ausziehbares Teil aufgesetzt wurde, konnte eine Gesamthöhe von 48 m erreicht werden. Nach den gleichen K… strukt… heute… aus, d… geschw… alle E… Jahre… schung… tigt, so… Metz… Spitzen… Spezial…

Mercedes-Benz-Metz Autodrehleiter mit Stahlleiterpark

Mercedes-Benz-Chassis mit Metz-Aufbau

Die hohen Beanspruchungen des Fahrzeugrahmens in der Gebrauchsstellung der Leiter verlangen sorgfältigste Ausführung der Chassis, die bei den Mercedes-Benz-Fahrgestellen unbedingt gewährleistet ist, da diese für die harten Anforderungen der Feuerwehrfahrzeuge besonders gebaut sind.
Für Leitern von 26 bis 32 m Steighöhe kommt das neuzeitliche Mercedes-Benz-Chassis Typ Lo D 3500 mit 95/100 PS Sechszylindermotor in Frage, während für größere Leitern bis zu 50 m Steighöhe das Mercedes-Benz-Fahrgestell Lo D 4000 verwendet wird. An das Getriebe ist jeweils ein Zusatzgetriebe angebaut von dem aus der Antrieb für die Leiterbewegungen abgenommen wird. Je nach Wunsch wird die Leiter mit Pumpe oder Scheinwerfer-Generator am Rahmenende, oder mit Vorbaupumpe ausgerüstet.

Mercedes-Benz Spezialfahrgestell mit Zusatzgetriebe, Typ Lo D 3500

Aufbau: Führersitz für 3 Personen, Naturlederpolsterung. Zwei Einsteigtüren. Umlegbare Wind-Schutzscheibe. Große Signalglocke. Auflagebock für die Leiter; ferner eine klappbare, mit Linoleum versehene Sitzbank (Rücksitz). An den Führersitz schließt sich eine bis zum Rahmenende durchgeführte Plattform mit untergebauten, teilweise klappbaren Kasten an. Weitere Kasten unter den Aufsteigebrettern zwischen den Vorder- und Hinterrad-Kotflügeln.

An starken Trägern sind seitlich 4 Bodenspindeln zur Erhöhung der Standsicherheit (nur bei Luftbereifung) angeordnet. Am Rahmenende eine Vorrichtung zur Entlastung der Hinterachsfedern, die mit dem Schlauchwagen für 250 m Schlauchlänge verbunden ist, so daß beim Abnehmen des Schlauchwagens die Hinterachsfedern entlastet werden. Abnehmbarer Scheinwerfer, Kurzschlußschalter am Rahmenende für Abstellung des Motors. Anlaßschalter. Karosserie sauber gespachtelt, mit feuerwehrrotem Hochglanzlack überzogen.

Drehgestell über Mitte Hinterachse zur Aufnahme der Stahlguß-Drehscheibe, die auf Stahlkugeln gelagert ist. Leitergestell mit Drehscheibe solid verschweißt. Kräftiger Aufrichterahmen mit Stahl-Lastketten D. R. P. In jeder Neigungslage der Leiter gleich großer Hebelarm, so daß also Überbeanspruchungen nicht auftreten können. Zwangsläufige, präzise Aufrichtebewegung. Das **Leitergetriebe** ist ein in Öl laufendes, vierfaches Stufengetriebe. Mittels Schalthähnen hydraulisch gesteuerte Reibungskupplungen vermitteln die Kraftübertragung. Um eine senkrechte Königswelle sind die Getriebekupplungen für die einzelnen Leiterbewegungen gruppiert. Die Getriebekupplungen vermitteln den Antrieb nach außen hin mit je 2 Geschwindigkeiten für Aufrichten und Neigen, ferner zwei Geschwindigkeiten für Ausziehen, sowie Drehen nach links und rechts. Einlassen der Leiter erfolgt mittelst Zahnrad-Ölbremse. Sämtliche Getrieberäder bleiben dauernd im Eingriff.

Besichtigung einer modernen Mercedes-Benz-Metz Drehleiter durch die Fachwelt

Diese Seite: *Automobile Drehleitern hat dieser etwa 1933 erschienene, sehr ausführliche Prospekt von Mercedes-Benz und Metz zum Thema, in dem einerseits die durch Metz erzielten Entwicklungserfolge in Bezug auf Feuerwehrtechnik und Aufbauten, andererseits die dafür verwendeten Fahrgestelle von Daimler-Benz beschrieben werden.*

Mercedes-Benz-Metz Autodrehleiter mit Stahlleiterpark und Feuerlösch-Pumpe

Die überragenden Vorzüge der MBM-Ganzstahl-Leiter

1. Stabile Bauart von Leiter und Fahrgestell.
2. Größtmögliche Betriebssicherheit.
3. Leichte Zugänglichkeit aller Teile, bequeme Montage und Demontage.
4. Alle wichtigen Getriebeteile sind geschützt gegen Beschädigung durch äußere Einflüsse.
5. Große Schnelligkeit und Wendigkeit des Fahrzeugs bei günstiger Schwerpunktslage. Hohe Standsicherheit.
6. Denkbar einfache Bedienung durch drei Hebel.
7. Vollautomatische Sicherungen, also keine Bedienung von Sicherheitsschaltungen.
8. Vollautomatische Sicherung gegen Kippen unter Einschluß sämtlicher Leiterbewegungen in Verbindung mit optischen und akustischen Signalinstrumenten.
9. Vollautomatische Sicherung gegen Beschädigung beim Anstoßen der Leiter, geltend für sämtliche Leiterbewegungen und für die ganze Länge der Leiter, also nicht nur der Spitze allein.
10. Vollautomatische Seiteneinstellung und Rückstellung der Leiter beim Ablegen auf schiefem Gelände.
11. Vollautomatische Abstellung der Leiterbewegung in den Endstellungen.
12. Vollautomatische Verriegelung der Bedienungshebel als Schutz gegen Bedienungsfehler, Sicherheit gegen Neigen der weitausgezogenen Leiter mit großer Geschwindigkeit.
13. Automatische Feststellung der Leiter in Fahrtrichtung.
14. Alle Sicherheits- und Verriegelungsvorrichtungen wirken primär, also keine indirekt arbeitenden Hilfsmittel.
15. Belastungsmesser für jede Neigung und Belastung der Leiter. Stabilität bzw. der Bodendruck wird fortlaufend sichtbar angezeigt.
16. Zwei doppelseitig eingespannte Aufrichteglieder (Ketten) mit gleichbleibendem Hebelarm (Stahlgelenkketten).
17. Ganzstahl- oder Leichtmetall-Leiterpark in Vollprofil-Anordnung, allseitig kontrollierbar.
18. Leiter als Brücke verwendbar.
19. Anordnung für Fahrstuhl, Rettungseinrichtung und Wendestrahlrohr.
20. Betätigung aller Getriebe mittels Handkurbel ohne vorherige Umstellungen.

Übung an der Mercedes-Benz-Metz Stahlleiter. – Man beachte die bequeme Besteigfähigkeit der Leiter

Verschiedene Ausführungsarten der Leiter

Besichtigung der MBM-Leiter durch ausländ. Regierungsvertreter

Die MBM-Leiter als Montageleiter verwendet

Mercedes-Benz-Metz Autodrehleiter 18-24 m Steighöhe auf Mercedes-Benz Fahrgestell Typ Lo D 2500 oder Typ LoD 2750 mit 65 Ps-Motor.

Ausführung A halbautomatisch: Aufrichten, Neigen, Ausziehen und Einlassen durch den Fahrmotor, drehen der Leiter durch Handbetrieb, automatische Abstellung der Leiterbewegungen in den Endstellungen, Abstellung der Hinterfedern von Hand, Bodenspindeln.

Ausführung B vollautomatisch: Sämtliche Leiterbewegungen mit Fahr-Motorantrieb, automatische Terrainregulierung, Kipp- und Anstoß-Sicherung.

Mercedes-Benz-Metz Autodrehleiter von 26–40 m Steighöhe auf Mercedes-Benz Fahrgestell Typ LoD 3500 und LD 4000 mit 65, 95 resp. 100/110 PS-Motor. Leiterpark in **Holzausführung,** stahlarmiert. Vollautomatisch. Auf Wunsch Hochdruck-Kreiselpumpe am Rahmenende.

Mercedes-Benz-Metz Autodrehleiter von 26–50 m Steighöhe auf Mercedes-Benz-Fahrgestellen Typ LoD 3500 und LD 5000 mit 65, 95 resp. 100/110 PS-Motor. Sechsfache Riesenluftbereifung. **Leiterpark ganz aus Stahl** mit vollprofilen, elektrisch geschweißt. Stahlsprossen mit Holz. Diagonalversteifung. Rein mechanisches Leitergetriebe. Zwei Stahlgelenkketten. Federabstellung. Karosserie bestehend aus: seitlich geschlossenem Führersitz, der einschließlich Fahrer 2-3 Personen Platz bietet, Naturleder gepolstert, Fußbodenbretter mit Aluminiumriffelblech belegt. Führersitz kann auf Wunsch limousinenartig ausgebildet werden. Hinter der Führersitzrückwand eine Bank für 2-3 Personen. Die Leiter hat alle Sicherheitseinrichtungen wie: Kipp- und Anstoßsicherung, Drehsicherung, Terrainregulierung. 4 Abstützspindeln vor und hinter der Hinterachse. Lackierung des kompletten Gerätes nach Wunsch.

Abbildungen u. Beschreibungen sind für die Lieferung unverbindlich; wir behalten uns Änderungen der Konstruktion u. Ausstattung vor.

Für Rußland bestimmte Mercedes-Benz-Metz Drehleitern vor ihrer letzten Werkstättenfahrt

Oben und rechts: *Die Vorzüge der in Ganzstahlbauweise gefertigten Mercedes-Benz-Metz-Drehleitern und deren Wirkungsweise ist Inhalt dieser Prospektseiten.*

Überlieferung und Erfahrung, Wertarbeit und Leistung . . .

. . . Begriffe, die – eng miteinander verknüpft – den Ruf zweier Werke begründen, haben ihre sichtbare Form in den Geräten gefunden, die in Deutschland und in aller Welt helfen, den abwehrenden Feuerschutz von Stadt und Land sicherzustellen.

Mercedes-Benz-Metz-Kraftfahrspritzen verfügen neben der hohen Leistungsfähigkeit des Motors und großer Fördermenge und Förderhöhe der eingebauten Feuerlösch-Kreiselpumpe über eine Durchbildung des feuerwehrtechnischen Aufbaues, die durch ihre Zweckmäßigkeit mit Recht bestes Werturteil erhält. Der Bau von Feuerlösch-Fahrzeugen verlangt nicht nur eine genaue Beherrschung technischer Herstellungsverfahren, er verlangt auch eine Kenntnis der grundlegenden Feuerlöschtechnik, die durch dauernde und engste Verbindung mit den Männern der Praxis erweitert werden muß.

Daß diese Voraussetzungen bei der Konstruktion von Mercedes-Benz-Metz-Feuerwehrfahrzeugen vorhanden waren und sind, zeigen die Lieferungen, die durch ihren Umfang und ihre Ausführung die Beachtung aller maßgebenden Kreise fanden.

Berlin – die Hauptstadt des Reiches
München – die Hauptstadt der Bewegung
Nürnberg – die Stadt der Reichsparteitage
Kassel
Dresden
Düsseldorf
Weimar
Stuttgart
Mannheim
und andere

stellten in diesem und im letzten Jahre Mercedes-Benz-Metz-Fahrzeuge in den Dienst ihrer Feuerwehr, die verantwortlich ist für den Schutz wertvollsten deutschen Volksgutes. Die Lieferungen von 5 Fahrzeugen für Kassel – erstmals mit Dieselmotoren ausgerüstet –, von 18 Fahrzeugen für Dresden und von 10 Fahrzeugen für Nürnberg, waren dazu bestimmt, den Fahrzeugpark der Feuerwehr grundlegend zu erneuern. Die eingehenden Prüfungen und Erwägungen technischer und wirtschaftlicher Art, die zur Wahl von Mercedes-Benz-Metz-Fahrzeugen führten, mögen als ein Beweis für führende Leistung gelten.

1888 zeigte Gottlieb Daimler auf dem deutschen Feuerwehrtag zu Hannover der Welt die erste Motorspritze mit 6 PS Benzinmotor und einer Kolbenpumpe, Leistung 300 l/min bei 70 m Förderhöhe.

1892 wurde die erste Motorspritze in den ständigen Feuerschutzdienst der Stadt Erfurt gestellt und leistete dort über 25 Jahre treu und zuverlässig ihre Arbeit.

1909 führten die Werke Daimler-Benz und Metz auf dem deutschen Feuerwehrtag zu Nürnberg die erste Kraftfahrspritze mit Kreiselpumpe und einer Leistung von 800 l/min bei 80 m Förderhöhe vor.

1932 wurde das erste Feuerwehrfahrzeug mit Dieselmotor, die Kraftfahrspritze für die Branddirektion Mannheim, gebaut.

1935 werden Kraftfahrspritzen DIN FEN 500/510/520 in durchgebildeter Form - zweckmäßig auch in kleinsten Einzelheiten - in den Dienst deutscher Feuerwehren gestellt.

MERCEDES-BENZ-METZ KRAFTFAHR-SPRITZEN

Diese Doppelseite: *Von 1888, dem Jahr der Vorstellung der ersten Motorspritze mit 6-PS-Benzinmotor, bis zum Jahre 1935 reicht die zeitliche Bandbreite der Entwicklung, die in den leistungsfähigen Mercedes-Benz-Metz-Kraftfahrspritzen gipfelte; solche wurden u.a. durch das damalige Reichsluftfahrtministerium (RLM) in Auftrag gegeben. Die Fahrzeuge waren sowohl für den Luftschutz als auch für kommunale Feuerwehren bestimmt.*

Kampf dem „Roten Hahn" . . .

ist die Losung, unter der die Arbeit von Mannschaften und Geräten steht. Die Dresdner Jahresschau 1935 gab mit den eindrucksvollen Vorführungen der Berufsfeuerwehr Dresden unter Einsatz von 18 neuen Feuerwehrfahrzeugen, darunter allein 6 Mercedes-Benz-Metz-Kraftfahrdrehleitern, ein Bild von Wert und Vollendung dieser Fahrzeuge.

DIN FEN 500 • 510 • 520

30jährige Entwickelungsgeschichte im Bau von Kraftfahrspritzen hat ihren vorläufigen Abschluß mit den Deutschen Feuerwehrnormen DIN FEN gefunden. Ausgeglichenheit von Motor- und Pumpenleistung, Zweckmäßigkeit des Aufbaues in Unterbringung von Mannschaften und Geräten sind die Merkmale dieser Bauart.

Fahrgestell

Die Anforderungen an Fahrgestelle für Kraftfahrspritzen weichen grundsätzlich ab von denen, die an normale Fahrgestelle für den Kraftfahrverkehr gestellt werden müssen. Erhöhte Rahmentragfähigkeit, geringe Gesamtbreite zur Erzielung guter Durchfahrmöglichkeit in engen Straßen und Hausgängen, besonders zuverlässige Bremsen für hohe Fahrgeschwindigkeiten im Straßenverkehr, Wendigkeit und leichte Lenkbarkeit sind einige Merkmale.

Motor

Von dem Motor der Kraftfahrspritze, von seiner Zuverlässigkeit und seiner hohen Nutzleistung hängt wesentlich der Wert ab. Mercedes-Benz-Diesel und -Vergasermotore mit Leistungen, die allen üblichen Pumpengrößen angepaßt sind, erfüllen diese Forderungen auch bei ungünstigsten Betriebsverhältnissen.

Pumpe

Wissenschaft und Praxis sind in den Pumpen vereinigt, die durch ihre hohe Wasserleistung das Kampfmittel gegen den Roten Hahn: Wasser! fördern. Neuzeitliche Ergebnisse der Strömungstechnik verbunden mit korrosionsfesten Werkstoffen, genaue Bemessung der einzelnen Teile ergeben hier ein ausgesprochenes Leistungsgerät.

Feuerwehrtechnischer Aufbau

Formschön und zweckmässig bei bester Unterbringung von Mannschaften und Geräten.

Sonderausrüstung

mit Gasschutzgeräten, Luftschaumgeräten, Kleinmotorspritzen, Rettungsgeräten, Armaturen für die Löschgeräte, Scheinwerfer und Handlampen, Fangleinen und Abschleppwerkzeugen ist eine Voraussetzung dafür, daß das Fahrzeug seinen Wert in jedem Falle beweisen kann.

Dieselmotoren für Feuerwehrfahrzeuge

werden in den Vorschriften für Herstellung und Abnahme verlangt. Damit hat diese Motorart ihre berechtigte Anerkennung auch für diese Zwecke gefunden. Der Mercedes-Benz-Dieselmotor mit Leistungen zwischen 55 und 120 PS zeichnet sich dabei besonders durch sein gutes Anspringvermögen (innerhalb von 20 Sekunden nach 24stündigem Stillstand und einer Lufttemperatur von 4° C), sein gleichmäßiges Drehmoment und seine gute Regelbarkeit aus.

Vollständig geschlossener Aufbau

mit einem Führersitz für 2-3 Mann, Mannschaftsraum für 8 Mann splitterfrei verglast, mit doppelten Scheibenwischern, Pendelwinkern, Innenbeleuchtung, Frischluftheizung, Feuerwehrscheinwerfer auf ausziehbarem Rohrstativ. Geräteräume mit Innenbeleuchtung, Schiebebrettern auf Rollenlagern, vollständig umbaute Pumpe, Schlauchhaspeln durch Rolläden verschlossen, Leitergerüst.

Feuerlöschpumpen 1500 l/min und 2500 l/min Nennleistung

bei 80 m gesamtmanometrischer Förderhöhe und 1,5 m statischer Saughöhe, 60 % der Nennwasserlieferung bei einer Steigerung der Förderhöhe um 50 %, Ansaugzeit bei 7,5 m statischer Saughöhe nicht länger als 60 Sek., 60 % Nennwasserlieferung bei 2 Saugleitungen und 7 m statischer Saughöhe. Einbau am Rahmenende, 2 und 4 Saugstutzen mit A-Kupplungen DIN FEN 309, 4, 6 und 8 B-Druckanschlüsse mit Schiebern DIN FEN 308, Meßinstrumente, Beleuchtung und Schalthahn für Tankbetrieb.

Schutz dem Volksvermögen – eine nationale Pflicht!

Es ist kein leeres Schlagwort, wenn immer und immer wieder der Öffentlichkeit die Millionenwerte vor Augen gehalten werden, die alljährlich durch Brandkatastrophen vernichtet werden. Nicht umsonst wurde das Feuerlöschwesen auf eine neue, straffere Grundlage gestellt, gilt es doch, im Falle der Gefahr über ein einsatzbereites Instrument zu verfügen. Aber auch die bestgeschulte Mannschaft ist letzten Endes machtlos, wenn ihr die technischen Voraussetzungen fehlen. Wie armselig muten uns heute die pferdebespannten Feuerspritzen an, die vor nicht allzulanger Zeit die Hauptwaffe im Kampf gegen den „Roten Hahn" bildeten. – Erst dem Motor war es vorbehalten, die Einsatzbereitschaft und Schlagkraft auf ein bisher ungeahntes Maß zu steigern. Es ist ein unbestreitbares Verdienst der Daimler-Benz AG und der Feuerwehrgerätefabrik Carl Metz, auf die Entwicklung hochwertiger Feuerlöschfahrzeuge maßgeblichen Einfluß ausgeübt zu haben. Dank engster Zusammenarbeit der beiden Werke und ständiger Fühlungnahme mit den Männern aus dem praktischen Feuerwehrdienst konnten Großkampfgeräte entwickelt werden, die in ihrer Art richtungweisend für den gesamten abwehrenden Feuerschutz geworden sind. Beide Teile, Fahrgestell und Aufbau, sind so aufeinander abgestimmt und durchgebildet, daß sie auch unter den schwierigsten Betriebsverhältnissen absolut störungsfrei arbeiten. Mit Recht sind deshalb Mercedes-Benz-Metz-Kraftfahrspritzen dazu bestimmt, Künder überlegener Ingenieurkunst und gediegener Werkmannsarbeit im In- und Ausland zu sein.

Diese Doppelseite: *Dieser etwa 1938 gedruckte Prospekt befasst sich ebenfalls mit Mercedes-Benz-Metz-Kraftfahrspritzen, wie sie in den dreißiger Jahren für den Brand- und Luftschutz beschafft wurden. Sehr großer Wert wurde auf eine ausführliche Darstellungsweise und Präsentation der Fahrzeuge gelegt.*

Die genormte Kraftfahrspritze

Gebaut nach den Vorschriften der DIN FEN, stellt dieses Fahrzeug ein Großkampfgerät dar mit einer Pumpenleistung von 2500 l/min bei einer gesamtmanometrischen Förderhöhe von 80 m. Der Aufbau ist vollständig geschlossen, wobei im Führerhaus 2 – 3 Mann und im Mannschaftsraum 8 Mann untergebracht werden können. Frischluftheizung, Feuerwehrscheinwerfer auf ausziehbarem Rohrstativ, Innenbeleuchtung d. Geräteräume, vollständig umbaute Pumpe, trag- u. fahrbare Schlauchhaspeln, Leitergerüst.

Leichte Zugänglichkeit

von allen Seiten, griffbereite Schlauchhaspeln, seitlich ausschwenkbar. Am Rahmenende fahrbare Schlauchhaspel, sofort abprotzbar. Für kleinere Brände ist ein 350-Liter-Tank vorgesehen, dessen Inhalt durch Betätigung des Schalthahns zur Pumpe geleitet wird.

Griffbereitschaft und Zweckmäßigkeit

der Geräte erhöhen die Einsatzschnelligkeit im Ernstfalle. Dieser Erkenntnis wurde bei der Entscheidung über Auswahl und Unterbringung der Rettungsgeräte weitestgehend Rechnung getragen: Sprungtuch, Gasschutzgerät, Wiederbelebungsgerät, Atemfilter, Verbandkasten, Schiebeleiter, Steckleiter, Klappleiter, Hakenleiter, Asbesthandschuhe. Löschgeräte: Kübelspritze für Wasser und Schaum, Handfeuerlöscher, Segeltucheimer, B- und C-Strahlrohre, Standrohre, Verteilerstücke, Saugschläuche, Umsatzstücke, B- und C-Schläuche. — Aufräumungsgeräte: Mulden, Schaufeln, Spaten, Feuerwehräxte, Forken, Einreißhaken, Handwerkskasten, Brechstangen, Wagenwinde und Schleppseil. Beleuchtungsgeräte: Fackelkasten, Scheinwerfer, Scheinwerferkabel, Ständer für Scheinwerfer, elektr. Sicherheitslampen.

Die Kraftfahrspritze mit Vorbaupumpe

ist hauptsächlich zur Brandbekämpfung auf dem Lande gedacht. Die durch eine Quertraverse geschützte Vorbaupumpe zeichnet sich infolge der kurzen Kraftübertragungsorgane durch hohen Wirkungsgrad aus. — Der im rückwärtigen Teil gewonnene Raum dient zur Mitführung einer tragbaren Kraftspritze mit 600 — 800 l/min Leistung. Besondere Sorgfalt wurde der Innenausstattung des Führerhauses gewidmet, um der Bedienungsmannschaft auf der Fahrt ausreichenden Schutz gegen die Unbilden der Witterung zu bieten.

Diese Doppelseite und Seite 82: *In ähnlicher Weise wurde bei der Vorstellung der Mercedes-Benz-Metz-Kraftfahrleitern verfahren. Die Prospekttitelseite zeigt eine der überschweren Kraftfahrdrehleitern KL 46 auf Mercedes-Benz LD 6500 (Sechszylindermotor mit 150 PS), die nur in wenigen Exemplaren gebaut wurde. Die angebotenen Kraftfahrdrehleitern mit 22 bzw. 26 m Steighöhe – KL 22 und 26 – waren weiter verbreitet und wurden von vielen Wehren beschafft.*

MERCEDES-BENZ-METZ

Großalarm! — Mit den selbst das Brausen des Großstadtverkehrs übertönenden Signalen des Martinhorns bahnen sich die stets betriebsbereiten Mercedes-Benz-Metz Kraftfahrleitern ihren Weg. Nur wenige Minuten seit der Alarmierung sind vergangen, und schon stoppen die wie Präzisionsmaschinen arbeitenden Fahrzeuge an der Brandstelle, um ihren stählernen Arm in Sekundenschnelle gen Himmel auszustrecken. Das Gefühl absoluter Sicherheit verläßt die Löschmannschaften in keinem Augenblick; in 30, ja 40 Meter Höhe arbeiten sie auf diesen Wunderwerken der ältesten Automobilfabrik der Welt, um den Angriff gegen das wütende Element erfolgreich vorzutragen. Mit einer Genauigkeit ohnegleichen spricht die MBM-Leiter auf die geringste Änderung der Belastung oder des Neigungswinkels an und gebietet von selbst ein energisches „Halt!", wenn die Kippgrenze erreicht ist. Alle erdenklichen Sicherheitseinrichtungen sind vorgesehen, um die Wehrmänner vor den Folgen unvorhergesehener Ereignisse zu schützen, wobei bewußt komplizierte Apparaturen vermieden sind. Aus gutem Grund wurde als Werkstoff für den Leiternsatz Baustahl in L- und Z-Profil verwendet, der sich im Brücken- und Flugzeugbau vollauf bewährt hat. Die Durchbildung anderer wichtiger Aggregate, wie zum Beispiel der Drehleitergetriebe, der Drehgestelle oder der Aufrichterahmen, erfolgte ebenfalls nach bewährten Konstruktionstendenzen, wie sie im Maschinenbau schon lange Anwendung finden. Damit reihen sich Mercedes-Benz-Metz Kraftfahrleitern würdig in unser umfangreiches Feuerwehrfahrzeugprogramm ein, stets bereit, im Dienste geschulter, einsatzbereiter Feuerwehrmänner als zuverlässige Helfer bei der Erhaltung von Menschenleben und Sachwerten zu dienen.

Sicherheit zuerst ...

lautet die Forderung, die bestimmend ist für die Ausführung eines Gerätes, das selbst dazu dienen soll, Menschen aus höchster Gefahr in Sicherheit zu bringen oder denen Wegbereiter zu sein, die ihr Leben im Kampf gegen elementare Gewalten einsetzen.
Nicht nur in Motor und Fahrgestell, sondern auch im Leitergetriebe und Leiterpark und erst recht in den Sicherheitseinrichtungen gegen Kipp- und Anstoßgefahren ist erkennbar, daß für die Fertigung einer Mercedes-Benz-Metz Kraftfahr-Drehleiter an diesem Grundsatz stets festgehalten wurde. Bewußt werden Hilfseinrichtungen und Werkstoff-Formen vermieden, die zwar in ihrem Aufbau einfach erscheinen mögen, sich aber bei hartem oft rücksichtslosem Einsatz nicht als unbedingt zuverlässig erweisen können. Siche zuerst ist die Losung, unter welcher die Arbeit der Gefolgschaften bei Daimler-Benz Metz steht, getragen vom besten Willen zu technischer Wertarbeit.

Die vielseitige Verwendbarkeit unserer Kraftfahrleitern

Gerade als Rettungsgerät wie zum Beispiel als Übergangssteg oder Brücke über besonders gefährdete Stellen konnte die Mercedes-Benz-Metz Kraftfahrleiter ihre Eignung vielfältig unter Beweis stellen. Erhöht wird die Standsicherheit bei Verwendung als Kran durch mitgeführte Stützen, wodurch das Gefahrenmoment auf ein Mindestmaß herabgesetzt wird. Elektrizitätswerke und städtische Betriebe stellen die Kraftfahrleiter wegen ihrer kaum zu überbietenden Raumbeherrschung häufig in ihre Dienste. Auch im Hochbau und Filmdienst ist sie ein einsatzbereiter Helfer bei besonders schwierigen Aufgaben. Darüber hinaus kann sie mit Zusatzgeräten, wie Arbeitsstand, Krananlage, Förderkorb, Telefon- und Lautsprechereinrichtungen, eingebauten Stromerzeugern und Pumpen, geliefert werden.

DIN FEN 550 · 551

die Kennzeichen für genormte Kraftfahr-Drehleitern. Sie sind zugleich Sinnbilder für eine Bauform, welche unter Auswertung jahrelanger Erfahrungen in den Herstellerwerken und auf Brandstellen heute zu einer ausgereiften Konstruktion geworden ist. Fahrgestellabmessungen, Motorleistungen, Getriebe, Sicherheitseinrichtungen und Leiterpark wurden in ihrer Zusammengehörigkeit so aufeinander abgestimmt, daß mit diesen Grundlagen ein Fahrzeug geschaffen werden konnte, dessen Einsatz in den Alarmdienst jeder Feuerwehr möglich ist. MBM-Kraftfahr-Drehleitern erfüllen diese Vorbedingungen und vereinigen sie mit folgenden besonderen Vorzügen zu einem technisch vollendeten und ausgeglichenen Werk: Mehrscheiben-Stahlkupplungen mit Öldruckschaltung. Doppelte Sicherheit durch Stahlgelenkketten am halbkreisförmigen Aufrichtebogen mit gleichem Kraftbedarf bei allen Neigungen. Doppelte Kugellagerung im Drehkranz. Rein mechanische Kippsicherung für alle Belastungen ohne erzwungene Wirkungsweise durch Nocken und Gestänge. Rein mechanische Anstoßsicherung aller Leiterteile bei jeder Neigung, Auszugslänge und Drehung. Rein mechanische Senkrechtstellung der Leiter bei unebenem Gelände ohne Hilfsmotoren und elektrische Schaltvorrichtungen. Rein mechanische Abstellung sämtlicher Leiterbewegungen und Verriegelung der Schalthebel bei Auslösung einer Sicherheitseinrichtung. Ganzstahl-Leiterpark aus offenen Vollprofilen, jederzeit auf Rostansatz überprüfbar. Doppelte teleskopartige Führung der Leiterteile in Ober- und Untergurt, leicht auswechselbarer Holzbelag der Stahlsprossen.

Die halbautomatische MBM-Kraftfahrleiter

Seit vielen Jahren ist die Kraftfahrleiter ein nicht mehr wegzudenkender Bestandteil jedes größeren Löschzuges. Ihre im In- und Ausland anerkannte Einsatzbereitschaft ist der beste Gradmesser für die Notwendigkeit, im Falle der Gefahr über dieses ungemein wichtige Kampfgerät zu verfügen. Um die Kraftfahrleiter bei möglichst zahlreichen Gemeinden Eingang finden zu lassen, liefert die Arbeitsgemeinschaft Mercedes-Benz-Metz auch Drehleitern mit vereinfachtem Leitergetriebe und Sicherheitseinrichtungen. Ihre niedrigen Anschaffungskosten ermöglichen es gerade kleineren Feuerwehren, sie zur Erhaltung wertvollen Volksvermögens wirksam einzusetzen. Durch Mitführung einer tragbaren Kraftspritze ist ihr Anwendungsbereich wesentlich vergrößert und stellt in dieser Form eine technisch durchaus geglückte Lösung dar.

Die Kraftfahrspritze mit Vorbaupumpe

Auch dieses kombinierte Fahrzeug wurde geschaffen, um die verhältnismäßig hohen Kosten eines kompletten Löschzuges zu umgehen. Aber auch dort, wo beschränkte Unterbringungsmöglichkeiten vorliegen oder das erforderliche Bedienungspersonal nicht zur Verfügung steht, hat sich dieses Gerät als zweckmäßig erwiesen. Bei der technischen Durchbildung wie beim Einbau der Vorbaupumpe wurden die beim Löschbetrieb auftretenden Beanspruchungen in jeder Beziehung berücksichtigt. Die zum Entlüften eingebaute Kapselschieber-Entlüftungspumpe ist mit selbsttätiger Schmierung versehen. Durch ihre organische Verbindung mit der Feuerlöschpumpe und den gemeinsamen Kühlwassermantel ist sie in hohem Maße gegen Einfrieren geschützt. — Der Leiternsatz ist aus hochwertigem Leichtstahl in offener Profilform hergestellt und elektrisch verschweißt. Die nach statischen Grundsätzen des Stahlhochbaues entwickelte Konstruktion der Leiterteile bietet neben größter Verdrehungs- und Seitensteifigkeit kleinste Windangriffsflächen. Darüber hinaus ist die Leiter mit einer Kraneinrichtung versehen und kann somit zu Aufräumungsarbeiten herangezogen werden.

1936 stellte die Nürnberger Feuerwehr eine Reihe neuer Fahrzeuge auf Mercedes-Benz-Metz-Fahrgestellen in Dienst, wozu auch Drehleitern, Kraftfahrspritzen, Abprotzleitern und Schlauchtransportwagen gehörten. Dieser Prospekt setzt eine der beschafften Kraftfahrspritzen werbewirksam ins Bild.

Oben: *»Alarm – Tankspritze vor!« Unter diesem Motto werden zwei Tanklöschfahrzeuge und eine Drehleiter DL 32 auf Daimler-Benz-Fahrgestellen der Nachkriegsfertigung präsentiert. Zu sehen sind die aktuellen TLF-Ausführungen in Omnibusform und in der abgesetzter Bauweise mit Allradantrieb.*

Rechts: *Diese Farbzeichnung auf der Titelseite eines von Daimler-Benz und Metz gemeinschaftlich erstellten Kataloges zeigt die neu, auf Mercedes-Benz LF 3500/42 gebaute Metz-DL-25-Drehleiter jener Epoche.*

Diese Anzeige in der Fachzeitschrift »Brandschutz« wirbt für das neue Tanklöschfahrzeug TLF 15 in Omnibusbauart, hier auf Alarmfahrt zu sehen, sowie für das übrige Feuerwehrfahrzeug-Verkaufsprogramm.

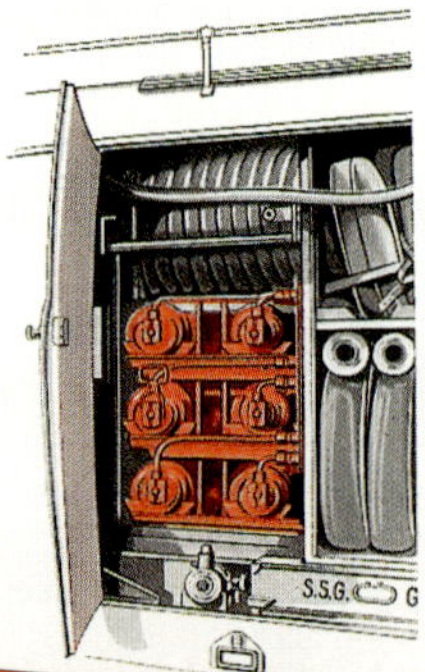

. . . Ob CO_2-Anlage — Trockenpulverlöschanlage — oder Schaumlöscheinrichtungen, die Raumaufteilung aller Mercedes-Benz-Metz-Feuerwehrfahrzeuge ist so gewählt, daß auf Wunsch zahlreiche Sonderausstattungen eingebaut werden können. Ohne die Grundbestückung zu verringern, ist es daher möglich, den individuellen Wünschen der einzelnen Wehren weitgehend zu entsprechen.

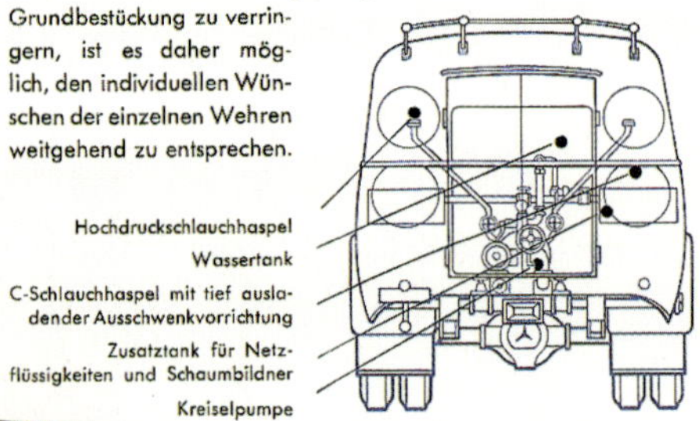

Tanklöschfahrzeug TLF 15

Normalausführung auf 3,5 to Dieselfahrgestell Typ LF 3500 mit einem 2400 l-Löschwasserbehälter, 2 Zusatzbehälter für je 80 l Schaumbildner und Netzflüssigkeit und einer am Rahmenende eingebauten 1500 l-Feuerlöschpumpe.

TLF 25 auf 5,5 to Dieselfahrgestell Typ LF 5500 mit einem 4000 l-Löschwasserbehälter, 2 Zusatzbehälter für je 180 l Schaumbildner und Netzflüssigkeit und einer am Rahmenende eingebauten Feuerlöschpumpe mit einer Nennleistung von 2500 l/min bei 80 m gesamtmanometrischer Förderhöhe. Maximale Leistung 3000 l/min.

Schwere Tanklöschfahrzeuge bis 5000 l Inhalt mit einer am Rahmenende eingebauten 2500 l-Feuerlöschpumpe (Pumpenleistung wie TLF 25) werden auf 6,6 to Dieselfahrgestell Typ LF 6600 geliefert.

Allradfahrgestell Typ LFA 3500

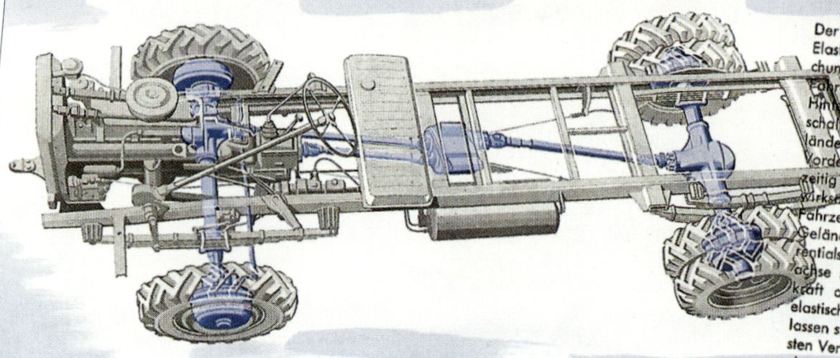

Tanklöschfahrzeug TLFA 15

Der Rahmen von ungewöhnlich hoher Elastizität ist schwersten Beanspruchungen gewachsen. Während beim Fahren auf normalen Straßen nur die Hinterräder angetrieben werden, schaltet sich bei der Wahl des Geländeganges automatisch auch der Vorderrad-Antrieb ein. Da gleichzeitig eine größere Untersetzung wirksam wird, arbeitet sich das Fahrzeug selbst durch schwierigstes Gelände. Das Fehlen eines Differentials zwischen Vorder- und Hinterachse sichert die volle Durchzugskraft aller vier Räder. Dank der elastischen Lagerung des Aufbaus lassen sich die Türen auch bei stärksten Verwindungen des Fahrgestells einwandfrei öffnen und schließen.

Steigvermögen

Straßengang
1. Gang . . . . 30 %
2. Gang . . . . 16 %
3. Gang . . . . 9 %
4. Gang . . . . 5 %
5. Gang . . . . 2,5 %

Geländegang auf Straße
1. Gang . . . . 55 %
2. Gang . . . 27,5 %
3. Gang . . . . 15 %
4. Gang . . . . 9 %
5. Gang . . . . 5 %

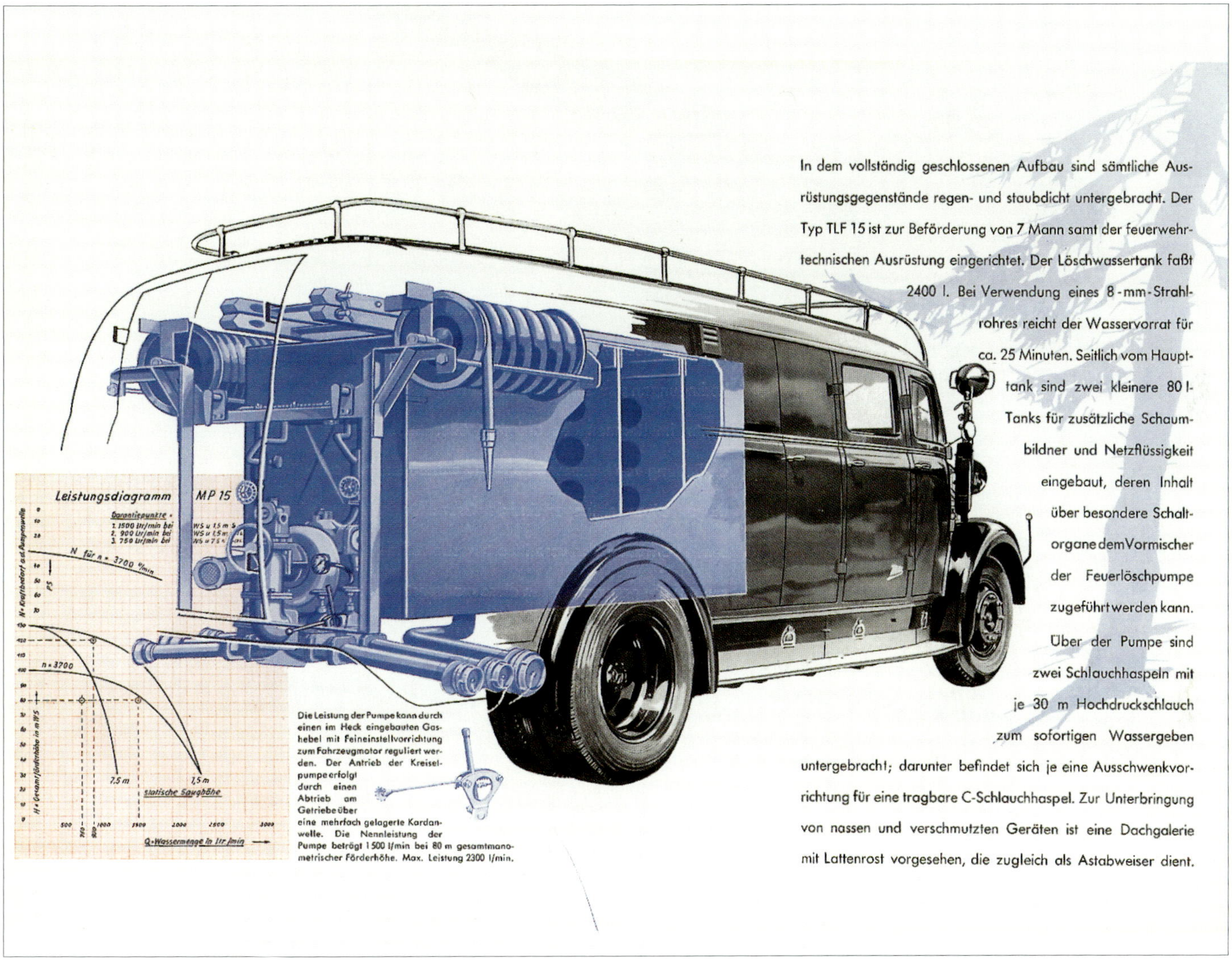

In dem vollständig geschlossenen Aufbau sind sämtliche Ausrüstungsgegenstände regen- und staubdicht untergebracht. Der Typ TLF 15 ist zur Beförderung von 7 Mann samt der feuerwehrtechnischen Ausrüstung eingerichtet. Der Löschwassertank faßt 2400 l. Bei Verwendung eines 8-mm-Strahlrohres reicht der Wasservorrat für ca. 25 Minuten. Seitlich vom Haupttank sind zwei kleinere 80 l-Tanks für zusätzliche Schaumbildner und Netzflüssigkeit eingebaut, deren Inhalt über besondere Schaltorgane dem Vormischer der Feuerlöschpumpe zugeführt werden kann. Über der Pumpe sind zwei Schlauchhaspeln mit je 30 m Hochdruckschlauch zum sofortigen Wassergeben untergebracht; darunter befindet sich je eine Ausschwenkvorrichtung für eine tragbare C-Schlauchhaspel. Zur Unterbringung von nassen und verschmutzten Geräten ist eine Dachgalerie mit Lattenrost vorgesehen, die zugleich als Astabweiser dient.

Die Leistung der Pumpe kann durch einen im Heck eingebauten Gashebel mit Feineinstellvorrichtung zum Fahrzeugmotor reguliert werden. Der Antrieb der Kreiselpumpe erfolgt durch einen Abtrieb am Getriebe über eine mehrfach gelagerte Kardanwelle. Die Nennleistung der Pumpe beträgt 1500 l/min bei 80 m gesamtmanometrischer Förderhöhe. Max. Leistung 2300 l/min.

Diese Doppelseite: *Die Tanklöschfahrzeuge TLF 15 – sowohl in der Omnibus- als auch in der abgesetzten Bauweise – sowie die Löschgruppenfahrzeuge LF 15 beschreibt dieser Mercedes-Benz-Metz-Prospekt von 1952.*

Für technische Hilfeleistungen unerlässlich waren die zu Beginn der fünfziger Jahre sowohl von Metz als auch von Magirus neu konstruierten Rüstkraftwagen RKW 10. Diese Anzeige wirbt – in Verbindung mit einer DL 52 – für die Mercedes-Benz-Metz-Version dieses Kranfahrzeugs.

Dieses Prospekttitelbild demonstriert eindrucksvoll die Einsatzmöglichkeiten allradgetriebener Feuerwehrfahrzeuge in ländlicher Region. Während das gezeigte TLF 15 Löschwasser über den vorgezogenen Sauganschluss aus einem stehenden Gewässer entnimmt, geht die Besatzung im Löschangriff gegen den Brand vor.

Lange Lebensdauer

Alle hitzebeanspruchten Teile der Mercedes-Benz-Dieselmotoren sind von einem großräumigen Kühlwasser-Mantel umgeben. Der thermostatisch geregelte Kühlmittelumlauf verhindert auch bei erhöhter Belastung die thermische Überbeanspruchung des Motors. Durch den eingebauten Wärmetauscher wird das Öl beim Start schnell angewärmt und im Dauerbetrieb gekühlt.

Dieses Kühlsystem erhöht bei vermindertem Verschleiß die lange Laufzeit der bewährten Mercedes-Benz-Dieselmotoren.

Auf Wunsch wird neben der Schaum-Anlage eine CO_2-Löscheinrichtung oder an deren Stelle eine Trockenlöschmittel-Anlage eingebaut.

Tanklöschfahrzeuge

TLF 16

Das TLF 16 besitzt auf dem Dach ein Gerüst zur Lagerung sperriger Gegenstände und verschmutzter Geräte. Über Klapptritte ist es von der rechten Seite aus leicht zu besteigen. Neben dem zentralen Saugeingang mit Schaltorgan für wechselseitigen Anschluß an den Tank und offene Wasserstellen am Fahrzeugheck kann das TLF 16 noch mit einem Sauganschluß unter dem Fahrzeugkühler ausgestattet werden.

TLF 32

Für außerordentlich hohe Anforderungen steht im Typ TLF 32 auf 8 to-Fahrgestell ein Fahrzeug zur Verfügung, das je nach Ausrüstung bis zu 5000 Liter Tankinhalt hat. Seine Feuerlöschpumpe mit einer Leistung von 3200 Litern pro Minute wird von dem kraftvollen und elastischen Dieselmotor OM 315 angetrieben.

Ob CO_2-Anlage – Trockenpulverlöschanlage – oder Schaumlöscheinrichtungen, die Raumaufteilung aller Mercedes-Benz-Metz-Feuerwehrfahrzeuge ist so gewählt, daß auf Wunsch zahlreiche Sonderausstattungen eingebaut werden können. Ohne die Grundbestückung zu verringern, ist es daher möglich, den individuellen Wünschen der einzelnen Wehren weitgehend zu entsprechen.

Diese Doppelseite: *Die Farbseiten dieses Prospektes zeigen fast das gesamte Repertoire an lieferbaren Mercedes-Benz-Metz-Feuerwehrfahrzeugen, Stand Mitte der fünfziger Jahre. Neben vielen ersichtlichen Details wird durch die Flugplatzvoraus- bzw. Trockenlöschfahrzeuge die bereits erkennbare Entwicklung zu Spezial- und Sonderlöschfahrzeugen deutlich.*

Flugplatzvorausfahrzeuge

FLF 25

Als Vorausfahrzeug meistert das FLF 25 mit seiner vielseitigen Ausrüstung selbst die gefährlichsten Flächenbrände. Im Rahmen dieser Spezialaufgaben liegt vor allem die Forderung nach großer Schnelligkeit im Einsatz. Sie wird vom FLF 25 durch den Allrad-Antrieb und einen start- und anzugsfreudigen Dieselmotor in hohem Maße erfüllt. Die Ausrüstung besteht aus einer 2500-Liter-Hochleistungspumpe, einem 2000-Liter-Tank, einem Schaummittelbehälter von 200 Litern, einer fest eingebauten Trockenlöschmittelanlage mit einem Fassungsvermögen von 250 kg und den Schnell-Angriffseinrichtungen für Wasser, Schaum und Trockenlöschmittel.

PLF 1500 mit abgenommener Ummantelung der Trockenlöschanlage.

Die beim Flugbetrieb drohenden Gefahren für Menschen und Maschinen haben ein besonderes Sicherheitsbedürfnis entstehen lassen, dem mit der Konstruktion des Spezialfahrzeuges FLF 25 Rechnung getragen wurde. Es ist beispielhaft für die wirkungsvolle Kombination von unbedingter Zuverlässigkeit mit Schnelligkeit, die alle Mercedes-Benz-Metz-Feuerwehrfahrzeuge auszeichnet.

Trockenlöschfahrzeuge

PLF 1500

In ständig steigendem Ausmaß wird heute das Trockenlöschverfahren in den Dienst der Bekämpfung großflächiger Brände, z. B. im Werksgelände der Gummi- und Kraftstoff-Industrie oder in Grubenanlagen, gestellt. Mit dem Mercedes-Benz PLF 1500 wurden dabei vor allem beim „Schwarzmachen" von gefährlichen Treibstoff- oder Ölbränden verblüffende Ergebnisse erzielt. Viele Flugplatz- und Werksfeuerwehren setzen deshalb dieses moderne Löschfahrzeug ein, das speziell für ihre besonderen Aufgaben entwickelt wurde. In zwei drucksicheren Behältern aus hochwertigem Stahl führt das PLF 1500 insgesamt 1500 kg Trockenpulver mit sich, die selbst für ausgedehnte Brände eine ausreichende Reserve darstellen. Jeder dieser Behälter ist einzeln an eine Druckgasflaschenbatterie angeschlossen. Im Bedarfsfall wird eine genaue Dosierung und Trennung der daraus gelieferten Mengen durch ein sinnvolles und unempfindliches Kontrollsystem ermöglicht. Die beiden je 30 m langen Spezial-Hochdruckschläuche können so abwechselnd von dem einen oder dem anderen Behälter beschickt werden. Leicht und sicher lassen sich die Spritzpistolen betätigen, mit denen jeder Hochdruckschlauch ausgerüstet ist. Die Zufuhr des unter hohem Druck ausströmenden Trockenpulvers ist am Bedienungsstand durch Hebeldruck leicht an- und abstellbar. Bei der Einstellung der Spritzpistole „voll auf" wird eine Leistung von ca. 200 kg pro Minute und pro Pistole erreicht.

Die Behälter sind schnell und leicht nachzufüllen. Übersichtliche Armaturen und Bedienungsorgane sichern den sekundenschnellen Einsatz.

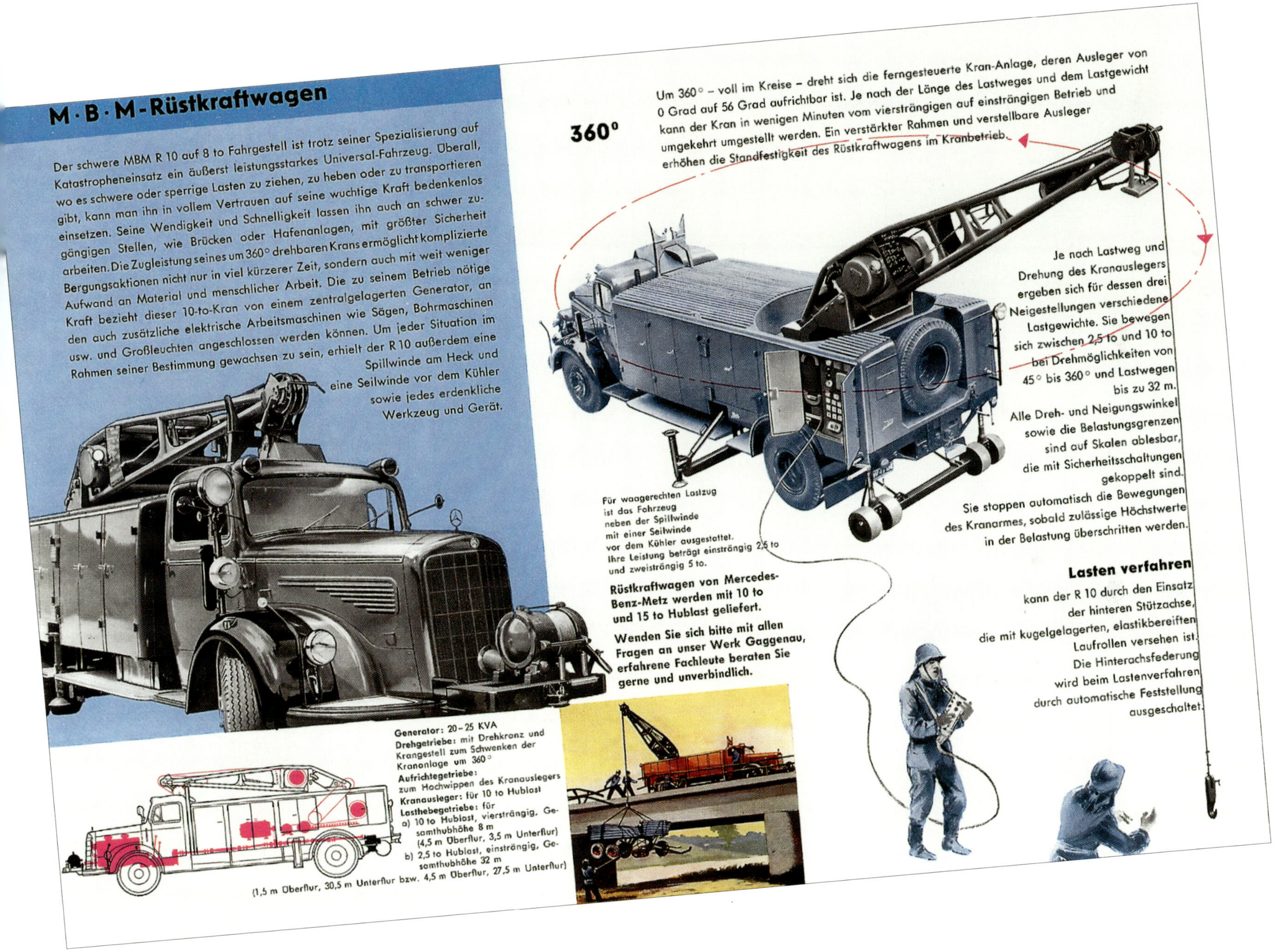

M·B·M-Rüstkraftwagen

Der schwere MBM R 10 auf 8 to Fahrgestell ist trotz seiner Spezialisierung auf Katastropheneinsatz ein äußerst leistungsstarkes Universal-Fahrzeug. Überall, wo es schwere oder sperrige Lasten zu ziehen, zu heben oder zu transportieren gibt, kann man ihn in vollem Vertrauen auf seine wuchtige Kraft bedenkenlos einsetzen. Seine Wendigkeit und Schnelligkeit lassen ihn auch an schwer zugängigen Stellen, wie Brücken oder Hafenanlagen, mit größter Sicherheit arbeiten. Die Zugleistung seines um 360° drehbaren Krans ermöglicht komplizierte Bergungsaktionen nicht nur in viel kürzerer Zeit, sondern auch mit weit weniger Aufwand an Material und menschlicher Arbeit. Die zu seinem Betrieb nötige Kraft bezieht dieser 10-to-Kran von einem zentralgelagerten Generator, an den auch zusätzliche elektrische Arbeitsmaschinen wie Sägen, Bohrmaschinen usw. und Großleuchten angeschlossen werden können. Um jeder Situation im Rahmen seiner Bestimmung gewachsen zu sein, erhielt der R 10 außerdem eine Spillwinde am Heck und eine Seilwinde vor dem Kühler sowie jedes erdenkliche Werkzeug und Gerät.

Generator: 20–25 KVA
Drehgetriebe: mit Drehkranz und Krangestell zum Schwenken der Krananlage um 360°
Aufrichtegetriebe: zum Hochwippen des Kranauslegers
Kranausleger: für 10 to Hublast
Lasthebegetriebe: für
a) 10 to Hublast, viersträngig, Gesamthubhöhe 8 m (4,5 m Überflur, 3,5 m Unterflur)
b) 2,5 to Hublast, einsträngig, Gesamthubhöhe 32 m (1,5 m Überflur, 30,5 m Unterflur bzw. 4,5 m Überflur, 27,5 m Unterflur)

360°

Um 360° – voll im Kreise – dreht sich die ferngesteuerte Kran-Anlage, deren Ausleger von 0 Grad auf 56 Grad aufrichtbar ist. Je nach der Länge des Lastweges und dem Lastgewicht kann der Kran in wenigen Minuten vom viersträngigen auf einsträngigen Betrieb und umgekehrt umgestellt werden. Ein verstärkter Rahmen und verstellbare Ausleger erhöhen die Standfestigkeit des Rüstkraftwagens im Kranbetrieb.

Je nach Lastweg und Drehung des Kranauslegers ergeben sich für dessen drei Neigestellungen verschiedene Lastgewichte. Sie bewegen sich zwischen 2,5 to und 10 to bei Drehmöglichkeiten von 45° bis 360° und Lastwegen bis zu 32 m.

Alle Dreh- und Neigungswinkel sowie die Belastungsgrenzen sind auf Skalen ablesbar, die mit Sicherheitsschaltungen gekoppelt sind. Sie stoppen automatisch die Bewegungen des Kranarmes, sobald zulässige Höchstwerte in der Belastung überschritten werden.

Für waagerechten Lastzug ist das Fahrzeug neben der Spillwinde mit einer Seilwinde vor dem Kühler ausgestattet. Ihre Leistung beträgt einsträngig 2,5 to und zweisträngig 5 to.

Rüstkraftwagen von Mercedes-Benz-Metz werden mit 10 to und 15 to Hublast geliefert.

Wenden Sie sich bitte mit allen Fragen an unser Werk Gaggenau, erfahrene Fachleute beraten Sie gerne und unverbindlich.

Lasten verfahren

kann der R 10 durch den Einsatz der hinteren Stützachse, die mit kugelgelagerten, elastikbereiften Laufrollen versehen ist. Die Hinterachsfederung wird beim Lastenverfahren durch automatische Feststellung ausgeschaltet.

Links: *Für jeden Einsatz gerüstet war man mit Mercedes-Benz-Metz-Feuerwehrfahrzeugen, wie diese Verkaufsanzeige den potentiellen Erwerbern klarmacht.*

Unten: *Am Beispiel einer DL 25 auf Mercedes-Benz LF 3500/42 wirbt Mercedes-Benz-Metz für Feuerwehr-Rettungsfahrzeuge.*

Rechts und unten: *Diese Anzeigen wurden etwa Mitte der fünfziger Jahre von Mercedes-Benz-Metz in dem Fachblatt »Brandwacht« veröffentlicht.*

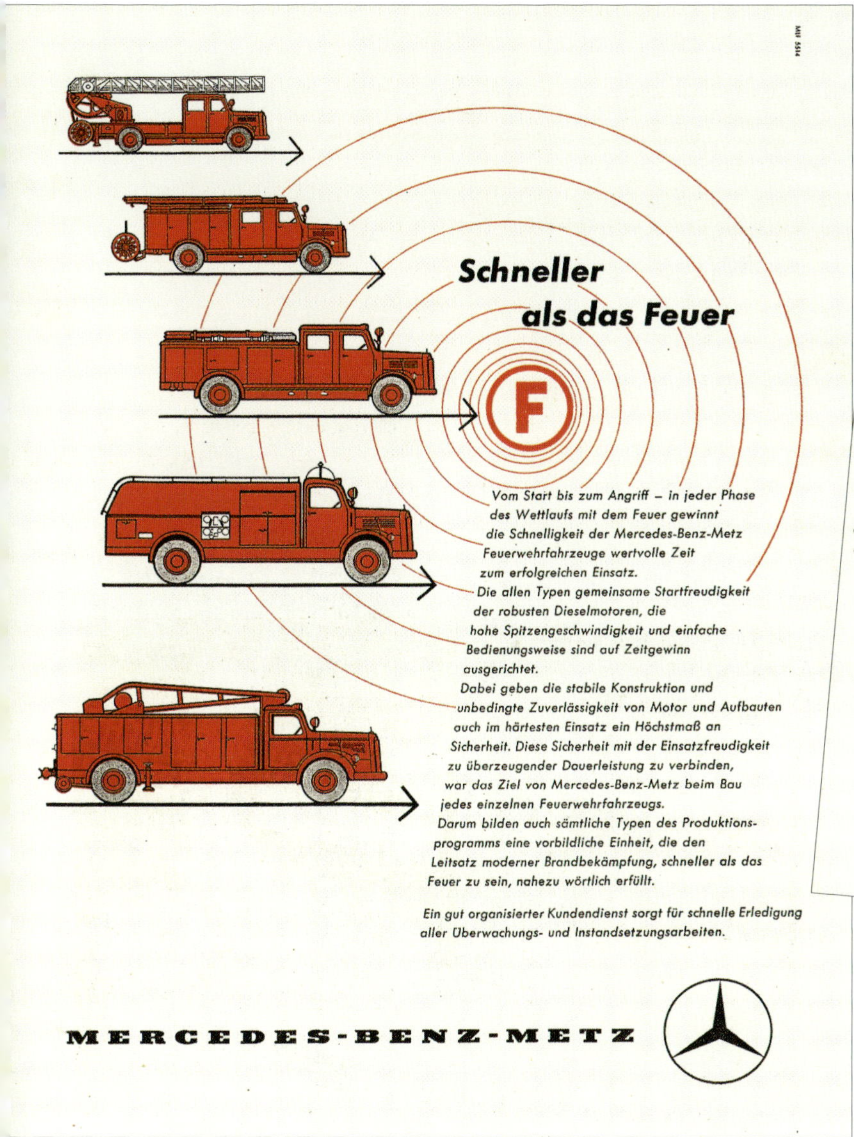

MERCEDES-BENZ-METZ

LF 319

Kleinlöschfahrzeuge

Die zweistufstufstuiewasserbeständige Vorbaupumpe leistet stetstemin. bei 8 atü bei gedrosseltem Motor und erlaubt ein Saugen aus einer geodätischen Saughöhe von über 9 m aufgrund einer speziellen Entlüftungseinrichtung (Metz-Trockenringentlüftungspumpe).

Dieses Fahrzeug bietet Sitzplätze für 9 Mann. Geräteräume und Schlauchfächer von der Rückwand leicht zugänglich.

Auf Wunsch kann anstatt der Tragkraftspritze TS 8/8 (Leistung über 1000 l/min bei 8 atü) eine TS 16/8 mit 1600 l/min Leistung bei 8 atü untergebracht werden.

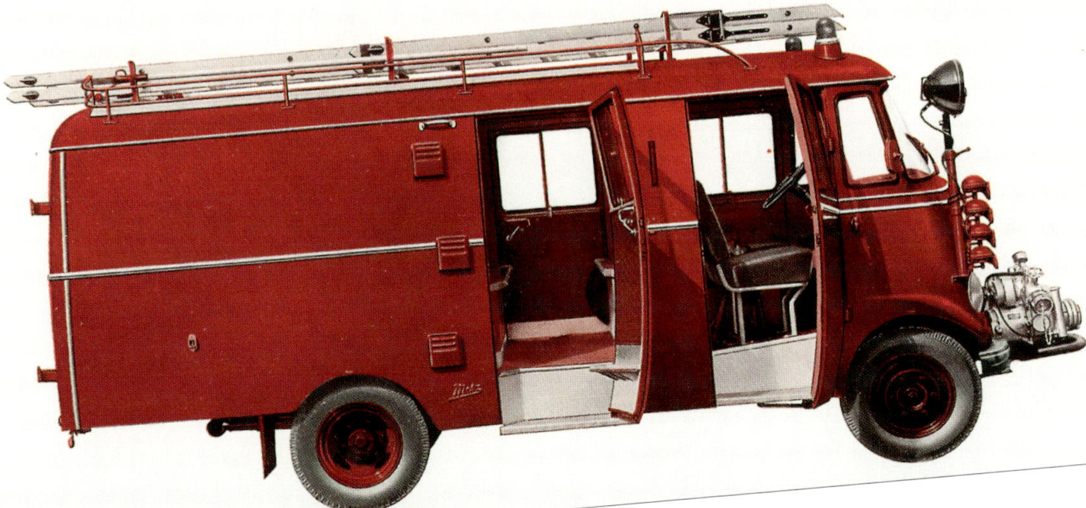

SLF 8 **Kleinlöschfahrzeug mit Wassertank**

Ein Feuerlöschfahrzeug neuen Stils für den Schnelleinsatz in der Stadt, im Dorf und in Industriewerken. Gewölbte Windschutzscheibe, breite Türfenster und zwei Rückblickspiegel geben ein großes Sichtfeld für schnelles Fahren, auch in dichtem Straßenverkehr. Alle Bedienungsorgane und Kontrollinstrumente liegen übersichtlich und griffnahe vor dem Fahrer. Mit der wirksamen Entlüftung und Heizung läßt sich im Wagen die Temperatur gut regulieren.
Verstellbarer Fahrersitz. (Auf Sonderwunsch wird anstatt des klappbaren Fahrernebensitzes für 1 Person ein solcher für 2 Personen angebracht.) Spezialaufbau mit 3 Stehplätzen auf einem Standbrett am Heck des Fahrzeuges. Rechts und links Lagerungsmöglichkeit für 3 Saugschläuche, Innendurchmesser 110 mm, Gesamtlänge 9,60 m. Schlauchkupplungen der Schläuche werden nach landeseigenem System geliefert. Seewasserbeständige zweistufige Metz-Mitteneinbaupumpe, Modell FPM 8/8, deren Antrieb über den Nebenantrieb des Fahrzeuges erfolgt. Leistung 1500 l/min. bei 6 atü. Trockenringentlüftungspumpe. Steuerung vom zentralen Pumpenbedienungsstand aus, der hinter dem Fahrersitz liegt. Das Fahrzeug verfügt über einen Wassertank von 800 l Fassungsvermögen, zu füllen über die Pumpe aus offenen Gewässern oder aus Hydranten. Auf Wunsch

wird eine Schaumlöscheinrichtung mit 70 l Schaummitteltank geliefert. Dabei verringert sich die Wassertankgröße auf 600 l. Das große Schlauchbett über dem Wassertank ermöglicht die Unterbringung von 500 m Druckschlauch (Innendurchmesser 75 mm). Rechts und links über der Pumpe je eine Hochdruckschlauchhaspel für 30 m Hochdruckschlauch, Innendurchmesser 28 mm, mit Mehrzweckstrahlrohr. Diese Schläuche sind fest an die Pumpe angeschlossen. Zur 3–4fachen Drucksteigerung des Pumpenausgangsdruckes kann dem Fahrzeug die Drucksteigerungspumpe HYTRAFO der Firma TOTAL, Ladenburg, beigegeben werden.

DL 12/14 **Kraftfahrdrehleiter**

Diese Doppelseite: *Dieser Prospekt stellt das seit 1955 bei Daimler-Benz erhältliche neue Lastkraftwagenmodell der leichten Nutzlastklasse Typ L 319 in zahlreichen Feuerwehrfahrzeugvarianten vor. Bereits kurze Zeit nach dessen Erscheinen konnte sich Daimler-Benz mit diesem neuen Frontlenkermodell einen vorderen Platz unter den Anbietern dieser Klasse erobern. Am häufigsten wurden der L 319 und seine Nachfolger für LF-8-Aufbauten gebaut.*

Unten und rechts: *Während die Schwarzweiß-Anzeige eine der zahlreichen, von den Hamburger Feuerwehren auf dem Mercedes-Benz-LPKo-329/40-Frontlenkerfahrgestellen beschafften hydraulischen DL 30 zeigt, stellt das kolorierte Bild eine ähnliche, auf Mercedes-Benz LF 1113-Kurzhauberchassis errichtete DL 30 vor.*

Unten: *Schneller als das Feuer waren – zumindest nach Aussage dieser Anzeige – Feuerwehrfahrzeuge auf den neuen Kurzhauber-Fahrgestellen von Daimler-Benz. Hier ein allradgetriebenes TLF 16 mit Metz-Aufbau.*

Oben: *Ein LF 8-TS (mit 800-l/min-Vorbaupumpe), aufgebaut von Metz, auf Mercedes-Benz LF 408-Frontlenkerchassis. Es ist das Nachfolgemodell des L 319. Eine Mercedes-Benz-Metz-Gemeinschaftswerbung aus dem Jahre 1966.*

Diese Doppelseite: *Mitte der sechziger Jahre gab Daimler-Benz eine Prospektmappe heraus, in der die verschiedenen Mercedes-Benz-Metz-Feuerwehrfahrzeuge detailliert beschrieben wurden. Neben LF 16, DL 30 h und Gerätewagen GW 2 auf Mercedes-Benz LF bzw. LAF 1113-Fahrgestellen wird das TroLF 750 auf dem Fahrgestell des Unimog-S gezeigt.*

Mercedes-Benz-Metz

LF 16

Fahrgestell LAF 1113
150 PS

Das Mercedes-Benz-Metz-Löschgruppenfahrzeug LF 16 ist ein schnelles und wendiges Mannschafts- und Gerätefahrzeug für Löschgruppenbesatzung (1+8 Mann).
Die Ausrüstung umfaßt alles, was für eine erfolgreiche Brandbekämpfung und für eine wirkungsvolle Hilfe bei Unglücksfällen gebraucht wird und entspricht DIN 14530 – Baurichtlinien Heft 4. Das Fahrzeug kann für die Löschwasserförderung eingesetzt werden. In Verbindung mit der Schnellangriffs-Einrichtung und den mitgeführten 800 l Löschwasser kann es auch sofort in die Brandbekämpfung eingreifen.
Mercedes-Benz-Fahrgestelle in Kurz-Hauber-Bauweise und verwindungsfreie, elastisch gelagerte Metz-Aufbauten einschließlich des stabilen, serienmäßigen Metz-Grundrahmens gewährleisten die bekannten guten Einsatzeigenschaften. Der kurze Radstand, der kleine Wendekreis, die hohe Bauchfreiheit erhöhen die Einsatzmöglichkeiten im Stadtverkehr und im Gelände.
Wo es auf Sekunden ankommt, entscheidet die Kraft des Motors! Das günstige Leistungsgewicht des seit vielen Jahren bewährten Dieselmotors mit Aufladung gibt den Fahrzeugen Startfreudigkeit, rasches Anzugsvermögen und hohe Dauerleistung. Auch unter extremen Klimaverhältnissen arbeitet der Motor zuverlässig mit hoher Leistung.

Mercedes-Benz-Metz

DL 30 h

Fahrgestell LF 1113
150 PS

Mercedes-Benz-Metz-Kraftfahr-Drehleitern sind eine wertvolle Hilfe bei der Durchführung von Löschangriffen und technischen Einsätzen oder Hilfeleistungen. Die ausgereifte, in mehr als 200 Ausführungen bewährte DB-Metz-Konstruktion hat aber mit ihrer sicheren und einfachen Handhabung und der universellen Einsatzmöglichkeit ihre größte und bleibende Bedeutung als Gerät zur Menschenrettung.
Mercedes-Benz-Fahrzeuge bieten für die schwierigen Spezialaufgaben besondere Vorteile. Durch die moderne Kurzhauberbauweise ergeben sich ideale Straßenübersicht, großer Radeinschlag und günstige Gesamtlänge. Durch geringstmöglichen Leiterparküberstand und bestmögliche Schwerpunktlage ist die Drehleiter im dichten Straßenverkehr schnell und wendig und erreicht auch sicher schwierig anzufahrende Einsatzstellen.
Wo es auf Sekunden ankommt, entscheidet die Kraft des Motors! Das günstige Leistungsgewicht der seit vielen Jahren bewährten Dieselmotoren mit Aufladung gibt den Fahrzeugen rasches Anzugsvermögen und hohe Dauerleistung. Auch unter extremen Klimaverhältnissen arbeitet der Motor zuverlässig mit hoher Leistung.

Feuerwehrtechnischer Aufbau
Für eine Staffelbesatzung (1 + 5 Mann) bietet die breite und geräumige Fahrer- und Mannschaftskabine bequemen Platz. Für die feuerwehrtechnische Ausrüstung sind unter dem Podium rechts und links Geräteräume angeordnet, die zur Unterbringung von Rollschläuchen, Wenderohr,

Mercedes-Benz-Metz

GW 2

Fahrgestell LAF 1113
150 PS

Mercedes-Benz-Metz-Feuerwehrfahrzeuge haben alle Eigenschaften, auf die es beim Einsatz ankommt: sie sind startfreudig, schnell und wendig. Die Ausrüstung ihrer Aufbauten umfaßt alles, was für eine erfolgreiche Brandbekämpfung und für eine wirkungsvolle Hilfe bei Unglücksfällen gebraucht wird.
Der Mercedes-Benz-Metz-Gerätewagen GW 2 ist ein nach DIN 14555 für technische Hilfeleistungen und Rettungszwecke besonders gestaltetes Feuerwehrfahrzeug. Wo immer es gilt, Menschen aus Gefahr zu retten und wertvolle Güter vor der Vernichtung zu bewahren – bei Naturkatastrophen, bei der Bergung von Verunglückten oder anderen Unglücksfällen – ist dieses „Mädchen für alles" eine wertvolle Hilfe für die Feuerwehr. Die Mercedes-Benz-Fahrzeuge in Kurzhauber-Bauweise bieten viele Vorteile. Neben dem breiten und bequemen Fahrerhaus mit Platz für Truppbesatzung (1 + 2 Mann) zeichnen sie sich durch kleinen Wendekreis, kurzen Radstand, hohe Bauchfreiheit und ideale Straßenübersicht aus. Mit eingeschaltetem Allradantrieb werden Geländeschwierigkeiten sicher überwunden.
Wo es auf Sekunden ankommt, entscheidet die Kraft des Motors! Das günstige Leistungsgewicht der seit vielen Jahren bewährten Dieselmotoren mit Aufladung gibt den Fahrzeugen Startfreudigkeit, rasches Anzugsvermögen und hohe Dauerleistung. Auch unter extremen Verhältnissen arbeitet der Motor zuverlässig mit hoher Leistung.

Mercedes-Benz-Metz

Tro LF 750

Fahrgestell Unimog-S

Das Trockenpulver-Löschfahrzeug TroLF 750 auf Mercedes-Benz-Fahrgestell Unimog-S ist die wichtigste Hilfe bei Spezialbränden und bei Brandkatastrophen, bei denen ein Löscherfolg mit Wasser nicht zu erreichen ist, oder wo die Brandgefahr dadurch noch vergrößert würde. Zum Beispiel bei Bränden in Museen, Bildergalerien oder Archiven usw. ist die Verwendung von Trockenpulver besonders geeignet.
Die vielseitigen Verwendungsmöglichkeiten des TroLF 750 liegen jedoch auch im Fahrzeug begründet. Durch die besondere Bauweise ergeben sich eine hervorragende Geländegängigkeit – auch im schwierigsten Gelände und auf wenig tragfähigen Böden – eine Steigfähigkeit bis zu 70 %, ein überaus großer Geschwindigkeitsbereich von 1,5 bis 95 km/h und ein hohes Beschleunigungsvermögen, ein kleiner Wendekreis und ideale Straßenübersicht. Durch Allradantrieb und die Differentialsperre an der Vorder- und Hinterachse – ohne Kuppeln zu- und abschaltbar – und durch die hohe Boden- und Bauchfreiheit kommt das TroLF 750 überall durch; es gibt praktisch keinen Unglücksort, den es nicht sicher und schnell erreicht.
Die verfügbare Motorleistung des Fahrzeugs beträgt bei einer Verdichtung von

$\varepsilon = 7$ …… 82 PS
$\varepsilon = 8{,}7$ …… 92 PS

FEUERWEHRGERÄTEFABRIK
CARL METZ
KARLSRUHE / BADEN
LIST-STRASSE 5 / FERNSPR. 443 u. 444
17.000 QUADRATMETER FABRIKGELÄNDE
GEGRÜNDET 1842 IN HEIDELBERG

RELIEF VOM METZ-DENKMAL IN HEIDELBERG
„VON DEN DEUTSCHEN FREIWILLIGEN FEUERWEHREN
IHREM BEGRÜNDER ERRICHTET IM JAHRE 1880"
CARL METZ 1818 – 1877 / GRÜNDER DER FIRMA METZ

GOLDENE STAATS-MEDAILLEN: PARIS, BARCELONA, BERLIN, BRÜSSEL – 60 AUSZEICHNUNGEN
BANKKONTO: DARMSTÄDTER U. NATIONALBANK, KARLSRUHE – REICHSBANK-GIRO-KONTO – POSTSCHECKKONTO 4522 K
BAHNSENDUNGEN: WEST-BAHNHOF, ANSCHLUSSGLEIS – STRASSENBAHN-HALTESTELLE: KÜHLER KRUG

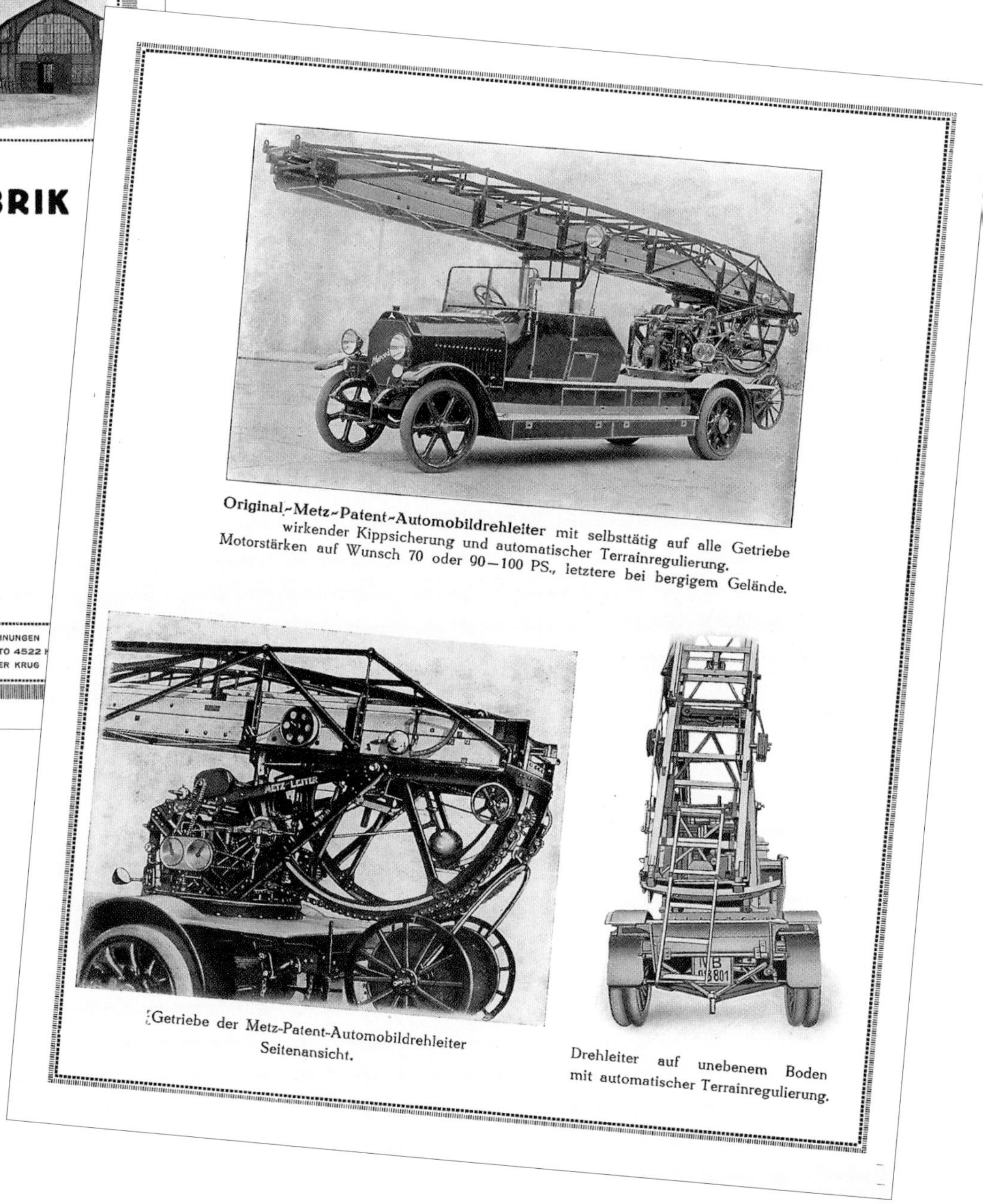

Original-Metz-Patent-Automobildrehleiter mit selbsttätig auf alle Getriebe wirkender Kippsicherung und automatischer Terrainregulierung. Motorstärken auf Wunsch 70 oder 90–100 PS., letztere bei bergigem Gelände.

Getriebe der Metz-Patent-Automobildrehleiter Seitenansicht.

Drehleiter auf unebenem Boden mit automatischer Terrainregulierung.

Oben und rechts: *Außer den in Zusammenarbeit mit Daimler-Benz entstandenen Mercedes-Benz-Metz-Werbemitteln benutzte die Feuerwehrgerätefabrik Carl Metz auch in eigener Regie erstellte Werbemitel. Dieser Prospekt datiert von 1927 und zeigt die damals als Original-Metz-Patent-Automobildrehleitern bezeichneten Leiterfahrzeuge.*

Unten und links: *Dieser Metz-Prospekt, dessen Titelblatt die gewaltige 46-m-Metz-Kraftfahr-Drehleiter in ausgefahrenen Zustand vor dem Karlsruher Schloss zeigt, erschien 1938.*

Dieser aus den dreißiger Jahren stammende Prospekt zeigt die aus Stahl hergestellte Metz-Anhängeleiter. Es gab sie in Ausführungen von 12 bis 24 Meter Steighöhe.

Das Schwere Löschgruppenfahrzeug - SLG

gemäß „Anordnung über den Bau von Feuerwehrfahrzeugen" Runderlaß RF ϟϟ u. Ch. d. Dt. Pol. v. 16. 2. 1940

Das Schwere Löschgruppenfahrzeug ist die vom Reichsführer ϟϟ mit oben angeführtem Runderlaß typisierte 3-to-Kraftfahrspritze, entwickelt aus der früheren Kraftfahrspritze KS 15 mit 1500-l-Pumpe und der Kraftfahrspritze KS 25 mit 2500-l-Pumpe.

Fahrgestell:
3-to-Feuerwehr-Spezial-Ausführung (Schelltyp) mit einer Rahmentragfähigkeit von mindestens 4600 kg, ausgestattet mit einem 4-Zylinder-Dieselmotor, Leistung etwa 80 PS.

Bereifung:
190-20″, 6-fach, vorn einfach, hinten doppelt.

Eine METZ-Feuerlöschkreiselpumpe für 1500 l/min Leistung bei 80 m manometrischer Gesamtförderhöhe ist am Rahmenende eingebaut. Der Hebel für Kraftstoffzufuhr ist am Bedienungsstand der Pumpe angebracht. Es sind ein nach hinten gehender Saugeingang mit A-Fest- und Blindkupplung ohne Absperrvorrichtung sowie beiderseits je 2 Druckausgänge mit B-Fest- und Blindkupplungen und mit entsprechenden Absperrvorrichtungen vorgesehen; desgleichen ein Überdruckmesser, ein Unterdruck-Überdruckmesser und ein Drehzahlmesser.

Während des Krieges beteiligte sich Metz auch an der Fertigung »getypter« Feuerwehrfahrzeuge, wie hier in einem Prospekt von 1942 am Beispiel des auf einem Mercedes-Benz L 3000 F basierenden Schweren Löschgruppenfahrzeugs SLG dargestellt wird.

Diese Doppelseite: *Zum 110-jährigen Firmenjubiläum gab Metz 1952 diesen Prospekt heraus. Die Produktpalette stellte ein fast lückenloses Programm dar.*

METZ-FEUERWEHRGERÄTE

Tanklöschfahrzeug TLF 15 Standardausführung

Tanklöschfahrzeug TLF 15

Tanklöschfahrzeug TLF 15/51

Tanklöschfahrzeug TLF 15/51

Tanklöschfahrzeug mit Sprengeinrichtung

Löschfahrzeug LFV 15

Löschfahrzeug LFV 15

Schlauchwagen 5 to-Fahrgestell

Wir liefern: Rüstwagen, Schlauchwagen, Mannschaftswagen, Schaumlöschwagen, CO_2 Wagen, Schaumlöschgeräte, Feuerlösch-Armaturen, Wenderohre, Feuerwehr-Zubehör, Mannschaftsausrüstungen, Kübelspritzen.

Oben und links: *1956 wurde von der Carl Metz GmbH die mit 52+2 Meter Auszugslänge höchste Feuerwehrleiter der Welt vorgestellt.*

Diese von **METZ** bereits vor über zwanzig Jahren entwickelten und in großer Anzahl gelieferten **FLUGPLATZ-TANKSPRITZEN** versehen noch heute den Dienst

Die Erfahrungstatsache, daß ein erheblicher Prozentsatz der Flugzeugunfälle während des Startens oder Landens entsteht, erfordert bei den Verwaltungen von zivilen und militärischen Flughäfen die Einrichtung eines schlagkräftigen und wirkungsvollen Feuerschutzes. Schnell bewegliche, jede Geländeschwierigkeit überwindende Fahrzeuge müssen mit geeigneten Löschmitteln und Löscheinrichtungen versehen sein, um im Falle eines Unglücks vor allem die in dem in Brand geratenen Flugzeug befindlichen Menschenleben zu retten.

Für diesen speziellen Zweck hat die Firma **METZ** vor nunmehr fast 25 Jahren damit begonnen, sogenannte Flugplatz-Löschfahrzeuge zu entwickeln. Weit über 600 Löschfahrzeuge zum Einsatz auf Flugplätzen haben seitdem das Werk verlassen und sind bei zahlreichen Unfällen erfolgreich eingesetzt worden.

Durch die Verwendung geeigneter allradangetriebener, geländegängiger Fahrgestelle mit leistungsstarken Motoren wird den **METZ**-Flugplatz-Löschfahrzeugen ein großes Beschleunigungsvermögen, eine hohe Spitzengeschwindigkeit und die Möglichkeit zur Überwindung schwierigen Geländes gegeben.

Als Löschmittel werden Kohlensäure, Trockenlöschpulver, Wasser, Wassernebel und Luftschaum angewendet, je nach den Notwendigkeiten des praktischen Löscheinsatzes und unter Berücksichtigung der in dem betreffenden Lande vorhandenen Versorgungsmöglichkeiten für einen schnellen Nachschub der benötigten Löschmittel.

Größe und Anzahl der auf einem Zivilflughafen vorzusehenden Fahrzeuge richten sich nach den Empfehlungen der International Civil Aviation Organization unter Berücksichtigung der den Flughafen anfliegenden Einheiten. Für die deutschen Flughäfen gelten für die feuerlöschtechnische Ausrüstung die von der Arbeitsgemeinschaft Deutscher Verkehrsflughäfen e.V. (ADV) 1956 herausgegebenen detaillierten Empfehlungen.

METZ - FLUGPLATZ - LÖSCHFAHRZEUGE in Alarmbereitschaft auf einem Fliegerhorst

Abbildungen dieser Seite bis S. 112: *Dieser im Jahre 1959 erschienene Kunstdruck-Prospekt zeigt hauptsächlich Flugplatz-Löschfahrzeuge. Sehr ausführlich werden sowohl die vielen verschiedenen Typen und Aufbauvarianten als auch deren Einsatz und Ausrüstungsmerkmale erklärt. Die Bandbreite reicht vom Pulverlöschfahrzeug PLF 750 auf Unimog S 404 bis zu verschiedenen schweren Tanklösch- und Wasserzubringerfahrzeugen bzw. für den Export gebaute Kranwagen, ausgerüstet mit Pulverlöschanlagen.*

VORAUSFAHRZEUGE für den ersten Schnellangriff zum Ersticken der Flammen mittels **Trockenpulver**

Die Pulverlöschanlage besteht aus einem bzw. mehreren Löschmittelbehältern für je 750 kg Löschmittelinhalt, der mit Stickstoff arbeitenden Druckgasbatterie, zwei in Schlauchfächern in 8-form gelagerten je 30 m langen Angriffsschläuchen mit Löschpistolen für eine Ausstoßmenge je Löschpistole von ca. 400 kg Löschmittel je Minute, dem Spülsystem und der Bedienungstafel

METZ-PULVERLÖSCHFAHRZEUG PLF 750 auf UNIMOG-S-Fahrgestell für 750 kg Trockenlöschpulver

METZ - PLF 750 mit offenem Aufbau

Aufbau: geschlossenes Fahrerhaus für zwei Mann, hinten ein offener oder geschlossener Sitz für einen dritten Mann, welcher schon während der Fahrt zur Brandstelle die Schaltung für die Stickstoff-Zufuhr betätigt, um ohne Zeitverlust schlagartig mit dem Löschen beginnen zu können

METZ - PLF 750 mit allseitig geschlosser
Aufbau in Kofferbauweise zum Schutz ge
schädliche Strahlen für Mannschaft u. G

METZ – PULVERLÖSCHFAHRZEUG PLF 1500 für 1500 kg Trockenpulver

Die auf dem Dach des Fahrerhauses erkennbare Plexiglaskuppel ermöglicht eine ungehinderte Rundumsicht, so daß die Manöver des Flugzeuges beobachtet werden können.

Voraussetzung für die Anwendung des **Pulverlöschverfahrens** ist die Versorgu
möglichkeit mit Stickstoff, der als Treibmittel unter einem Fülldruck von 150
200 atü unerläßlich ist. Wo Stickstoff nicht erhältlich ist oder in genügender Me
nicht bevorratet werden kann, findet mit Erfolg das **Kohlensäure-Löschverfa**
(CO_2) Anwendung. Fahrzeuge dieser Bauart sind auf Seiten 7, 10 und 1
dargestellt.

Mit Trockenlöschpulver oder Kohlensäure läßt sich zwar ein sofortiges Nie
schlagen der Flammen erreichen. Um jedoch ein Wiederaufflammen zu verhin
und um den Weg zu den in dem brennenden Flugzeug in Lebensgefahr schwe
den Insassen frei zu halten, ist der fast gleichzeitige Einsatz von Luftschau
einem Gemisch von Wasser, Schaummittel und Luft – unerläßlich. Diesem Zw
dient als wichtigstes und für den Lösch- und Rettungserfolg entscheider
Brandbekämpfungsgerät das **FLUGPLATZ-TANKLÖSCHFAHRZEUG**

Eine Teilserie von **METZ-PULVERLÖSCHFAHRZEUGEN** steht auf dem Fabrikhof zur Abnahme bereit.

METZ - FLUGPLATZ - TANKLÖSCHFAHRZEUGE
Auf einem leistungsstarken, allradangetriebenen und geländegängigen Fahrgestell ist eine einfache oder doppelte Kabine für eine Besatzung von drei bis sieben Mann angeordnet
Die **METZ**-Feuerlöschpumpe mit einer Leistung von 2500–3000 l/min bei 8 atü Druck ist im Fahrzeugende oder in Fahrzeugmitte eingebaut

METZ-FLUGPLATZ-TANKLÖSCHFAHRZEUGE
startbereit auf einem Weltflughafen

① offener Fahrersitz
② geschlossenes Fahrerhaus für drei Mann
③ doppelte Kabine für sechs bis sieben Mann

Für die Schaumabgabe sind ein bis zwei nach allen Seiten hin drehbare Luftschaum-Wenderohre und zwei seitlich an je 30 m langen Hochdruckschläuchen angekuppelte Luftschaumrohre vorgesehen. Die Schaumleistung beträgt je nach Anzahl und Größe der verwendeten Luftschaumrohre ca. 6000 bis 20 000 l Luftschaum je Minute. Wassertank und Schaummittelbehälter enthalten die beiden notwendigen Löschmittel in möglichst großer, der Tragfähigkeit des Fahrgestells angepaßter Menge.
Da häufig die auf dem Tanklöschfahrzeug mitgeführte Löschmittelmenge nicht ausreicht, versorgt ein weiteres Fahrzeug, das als **WASSERZUBRINGER** bezeichnet wird, das Flugplatz-Tanklöschfahrzeug mit zusätzlichen Löschmitteln an Wasser und Schaumbildner. Der Wasserzubringer kann aber auch als selbständiges Löschfahrzeug eingesetzt werden, da er ebenfalls mit einer Feuerlöschpumpe ausgestattet ist.

Übersichtliche Anordnung aller Hebel und Instrumente der **METZ-FLUGPLATZ-TANKLÖSCHFAHRZEUGE** erleichtert die Bedienung der Pumpen- und Schaumerzeugungsanlage

Ablieferung einer Teilserie von **METZ-FLUGPLATZ-TANKLÖSCHFAHRZEUGEN**

METZ-FLUGPLATZ-TANKLÖSCHFAHRZEUG FLF 25 – Besatzung drei bis vier Mann – Wassertank 3000 l – Schaummittelbehälter 320 l – Feuerlöschpumpe 2500 l/min – ein Wenderohr und zwei tragbare Schaumrohre, Gesamtleistung bis ca. 10 000 l Luftschaum je Minute

METZ-FLUGPLATZ-TANKLÖSCHFAHRZEUG FLF 25 b – Besatzung fünf Mann in geschlossener Doppelkabine – Wassertank 2000 l – Schaummittelbehälter 520 l, ausreichend für drei Wassertankfüllungen – Feuerlöschpumpe 2500 l/min – ein Wenderohr und zwei tragbare Schaumrohre, Gesamtleistung bis ca. 10 000 l Luftschaum je Minute

Auf der vorderen Stoßstange angeordnete starke Gitterkonstruktion ermöglicht das Umlegen und Durchbrechen von Hindernissen auf der Fahrt zur Brandstelle

METZ – FLUGPLATZ-LÖSCHFAHRZEUGE können mit Spezialeinrichtungen für tropische und arktische Verhältnisse versehen werden.

METZ – FLUGPLATZ-TANKLÖSCHFAHRZEUG FLF 25 g mit völlig geschlossener Karosserie zum Einsatz in Ländern mit besonders kaltem Klima

METZ – FLUGPLATZ-TANKLÖSCHFAHRZEUGE schwerer Bauart für arktische Verhältnisse. Sie sind frostsicher bis zu einer Kälte von minus 30° C und können sowohl elektrisch, wie auch unabhängig durch ein im Aufbau untergebrachtes Aggregat beheizt werden. Besatzung sechs bzw. drei Mann – Wassertank 3500 bzw. 4500 l — Schaummittelvorrat 350 bzw. 450 l – Pumpenleistung 3000 l/min – ein Wenderohr und zwei tragbare Schaumrohre, Gesamtleistung ca. 11 000 l Luftschaum je Minute

Dieses Fahrzeug dient vornehmlich als Wasserzubringer

Flugplatz-Tanklöschfahrzeug wird durch den Wasserzubringer gespeist

METZ – WASSERZUBRINGER zur Speisung von Flugplatz-Tanklöschfahrzeugen mit Wasser und Schaummittel

METZ-WASSERZUBRINGER
Wassertank 4000 l – Pumpenleistung 2500 l/min

Selbst in schwierigstem Gelände außhalb des Flugplatzes bleiben **METZ-LÖSCHFAHRZEUGE** voll einsatzfähig

METZ-WASSERZUBRINGER – Wassertank 4800 l – Schaummitteltank 480 l – Pumpenleistung 3000 l/min

3-Fahrzeugsystem

Größe und Risiken des Flughafens und verfügbare Geldmittel sind dafür entscheidend, ob das

3-Fahrzeugsystem, bestehend aus Vorausfahrzeug und Tanklöschfahrzeug und Wasserzubringer, oder das

2-Fahrzeugsystem, bestehend aus Vorausfahrzeug und Tanklöschfahrzeug angewendet wird oder, wie nachstehend bebildert, das

1-Fahrzeugsystem, bei dem Vorausfahrzeug und Löschfahrzeug zu e i n e m Fahrzeug vereinigt sind, das als Löschmittel Wasser und Schaumbildner und ferner Trockenlöschpulver oder Kohlensäure mitführt

2-Fahrzeugsystem

1-Fahrzeugsystem

METZ-FLUGPLATZ-TANKLÖSCHFAHRZEUG
FLF 25 P für Wasser, Luftschaum und Trockenpulver – fünf Mann Besatzung – Wassertank 2000 l – Schaummittelbehälter 200 l – Feuerlöschpumpe 2500 l/min – ein Wenderohr und zwei tragbare Schaumrohre, Gesamtleistung bis ca. 10 000 l Luftschaum je Minute – 250 kg Trockenpulver-Löschanlage

METZ-FLUGPLATZ-TANKLÖSCHFAHRZEUG
FLF 30 P schwerer Bauart für Wasser, Wassernebel, Luftschaum und Trockenpulver – sechs Mann Besatzung – Wassertank 3000 l – Schaummittelbehälter 300 l – kombinierte Hoch- und Niederdruckpumpe 40 atü - zwei Luftschaumwenderohre – zwei Nebelpistolen für Hochdruckwassernebel – 300 kg Trockenpulver-Löschanlage

METZ-FLUGPLATZ-TANKLÖSCHFAHRZEUG
FLF 25/CO_2 für Wasser, Luftschaum und Kohlensäure/CO_2 – Doppelkabine für sechs bis sieben Mann – Wassertank 2000 l – Schaummittel 200 l – ein Wenderohr und zwei tragbare Schaumrohre, Gesamtschaumleistung ca. 10 000 l Luftschaum je Minute – sechs Flaschen Kohlensäure/CO_2 mit ein oder zwei Schneerohren

METZ-FLUGPLATZ-TANKLÖSCHFAHRZEUG
FLF 30/CO_2 schwerer Bauart für Wasser, Luftschaum und Kohlensäure/CO_2 – Doppelkabine für sieben Mann – Wassertank 3000 l – Schaummittel 500 l – Feuerlöschpumpe 3000 l – ein Wenderohr und zwei tragbare Schaumrohre, Gesamtschaumleistung ca. 12 000 l Lufschaum je Minute – sechs Flaschen Kohlensäure/CO_2 mit einem oder zwei Schneerohren

METZ-FLUGPLATZ-TANKLÖSCHFAHRZEUG
für Wasser, Wassernebel, Luftschaum und Kohlensäure/CO_2 mit Zusatzmotor zum Antrieb der kombinierten Hoch- und Niederdruckpumpe 40 atü – offener Fahrersitz – Wassertank 2000 l – Schaummittel 200 l – ein Wenderohr und zwei tragbare Schaumrohre, Gesamtschaumleistung ca. 10 000 l Luftschaum je Minute – sechs Flaschen Kohlensäure/CO_2 mit einem Schneerohr

METZ-FLUGPLATZ-FEUERLÖSCHFAHRZEUG SLF 30a schwerer Bauart für Wasser, Wassernebel, Luftschaum und Kohlensäure/CO_2 mit Zusatzmotor zum Antrieb der kombinierten Hochdruck Niederdruckpumpe 40 atü – Wassertank 3500 l – Schaummittel 365 l – zwei Wenderohre für eine Gesamtleistung von ca. 14 000 l Luftschaum je Minute – vier Flaschen Kohlensäure/CO_2 mit einem Schneerohr

Wir fertigen Flugplatz-Löschfahrzeuge auch mit Pullman-Aufbau unter Verwendung von Frontlenker-Fahrgestellen

Ein Spezialfahrzeug zum Löschen und Bergen von Flugzeugen bei Unfällen auf Flugplätzen und auf den Versuchsfeldern der Flugzeugfabriken

METZ - RETTUNGS-KRANWAGEN
bis 20 t Hublast
mit 750 kg Pulverlöschanlage
Generator 25 KVA
Seilwinde 5000 kg
Spillwinde 8000 kg

Sprühdüsen für Wasser oder Luftschaum vorn am Fahrzeug zum Schutz des Fahrzeuges und zum Ablöschen von Bodenbränden

AUS DEM FERTIGUNGSPROGRAMM DER FIRMA METZ

Geräte und Fahrzeuge für den Feuerlösch- und Rettungsdienst sowie für Montagen

METZ-Tragkraftspritzen TS 8/8 und TS 16/8 für Förderleistungen von 1000 bzw. 1600 l je Minute bei 80 m Förderhöhe zum Schutz von Flughafengebäuden und Werksanlagen

METZ - Anhängeleitern mit Steighöhen von 10 bis 21 m für Montagearbeiten und Gebäudereinigung

METZ-Montagedrehleitern mit Steighöhen von 10 bis 18 m

METZ-Kraftfahrdrehleitern für Brandbekämpfung und Menschenrettung mit Steighöhen von 25 bis 62 m, mit vollhydraulischem oder vollautomatisch mechanischem Antrieb

METZ fertigt leistungsstarke und stets einsatzbereite Feuerlöschfahrzeuge verschiedenster Größen und Ausführungen entsprechend den örtlichen Bedürfnissen

Oben und links: *Diese beiden gezeigten Anzeigen erschienen 1942 in der Zeitschrift »Feuerschutztechnik«. Sie dokumentieren, dass Meyer-Hagen damals auch genormte Löschfahrzeuge baute.*

Oben: *Die 1885 gegründete Feuerwehrgerätefabrik Meyer-Hagen in Hagen/Westfalen gab in den zwanziger Jahren umfangreiche Kataloge über ihr Lieferprogramm heraus. Wenngleich dieses Unternehmen auch eine regionale Bedeutung besaß, der größere Teil der Kundschaft also in der näheren Umgebung zu finden war, gab es Meyer-Hagen-Feuerwehrfahrzeuge und -geräte vereinzelt auch im übrigen Reichsgebiet. Dies ist eine etwa 1930 erschienene Anzeige in der Fachzeitschrift »Feuerschutz«; sie zeigt eine luftbereite, von der Berufsfeuerwehr Hagen benutzte Automobilspritze.*

Rechts und unten: *Neben dem Umbau und der Umrüstung von Fahrzeugen für Feuerwehrzwecke fertigte Meyer-Hagen nach dem Kriege auch Fahrzeuge und Ausrüstungsgegenstände nach eigenen Entwürfen. Meist wurde der in den fünfziger Jahren so erfolgreiche Opel-Blitz 1,75 t als Trägerchassis verwendet.*

1 3/4 t Opel-Blitz - 3300 mm Radstand
als Löschfahrzeug LF8 in der vorschriftsmäßigen Ausführung mit Aufbau
Fahrgestell ist anzuliefern: mit weichen Hinterfedern, mit Stützfedern hinten, mit Stoßdämpfern hinten, mit Gummimatte, Zwillingsbereifung

MIESEN-BONN TRADITION SEIT 1870

Opel-Blitz-Fahrgestell 1 ½ t - 3250 mm Radstand
mit Feuerwehrmannschafts-Aufbau Miesen-Bonn

Beschreibung:

Gerippe aus Hartholz, außen mit Stahlblech fugenlos ummantelt, Windschutzscheibe ausstellbar, Fahrerraum mit 2 Türen mit Kurbelfenstern, ohne Mittelwand, geteiltes Sitzkissen und durchgehende Rückenlehne, Boden mit Gummimatte, Türen mit Kunstleder bespannt, je 1 seitliche Türe zum Mannschaftsraum mit Kurbelfenster, hinten Doppeltüre, seitlich je 1 Scheibe fest, sämtliche Scheiben aus Sekuritglas, eine Lattenbank gegen Fahrtrichtung quer, zwei Längsbänke ebenfalls in Lattenausführung bis Ende Radkasten, unter den Bänken Geräteraum, Seitenwände mit Sperrholz, Himmel mit Kunstleder bespannt, auf dem Boden Linoleum, Heizung mit Trichter, eine Kupplung mit Steckbolzen, zwei Laternen mit blauem Glas am Vorderdach eingebaut, auf dem Dache eine Galerie mit Auflageböcken für Leitern mit Vorrichtung zum Anschnallen der Leitern, zwischen den Längsbänken soviel Platz, daß die Einheitsspritze mit den Maßen 835 x 545 oder 1 Einheitstrage notfalls eingeschoben werden kann, hinter den Längsbänken ab halber Höhe bis zur Decke schrankartige Gelasse für Schläuche, darunter eine schwenkbare Schlauchhaspel-Aufhängung ohne Haspel, Lackierung feuerwehrrot, Beschriftung ohne Wappen.

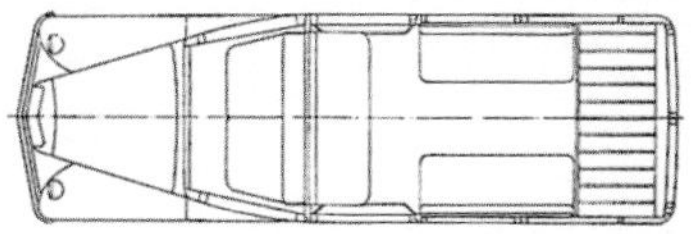

1,5 t Opel-Blitz Fahrgestell	DM	6.350.—
Zwischenfracht Rüsselsheim - Bonn	DM	50.—
Grundpreis des Aufbaues, wie oben beschrieben	DM	6.780.—
Abnahme durch den Techn. Überwachungs-Verein	DM	15.—
Versicherung im Werk Bonn	DM	10.—
ab Bonn	DM	13.205.—

CHRISTIAN MIESEN / Fahrzeug- u. Karosseriewerke
BONN a. Rhein - Dottendorfer Straße 165
Telefon 7755/56 Telegr.: Miesen Bonn
Druck: H. Trapp, Bonn

Oben und links: *Die in Bonn ansässigen Fahrzeug- und Karosseriewerke Christian Miesen profilierten sich besonders im Bau von Krankenwagen. Zeitweise wurden auch Aufbauten für leichtere Feuerwehrfahrzeuge hergestellt. Hier sind Löschgruppenfahrzeuge LF 8 auf Opel-Blitz-Fahrgestellen 1,5- bzw. 1,75-t zu sehen.*

MINIMAX

MINIMAX liefert moderne Pulverlöschanlagen für Feuerwehrfahrzeuge. Die riesigen Mengen an Treibstoffen und anderen leicht entzündlichen Flüssigkeiten, die heute hergestellt, gelagert und transportiert werden müssen, beschwören die Gefahr von Bränden herauf, denen man mit den konventionellen Löschmitteln Wasser und Schaum allein nicht mehr begegnen kann. Zur Bekämpfung von Bränden großer Treibstoffmengen wurden Pulverlöschanlagen für den Einbau in Feuerwehrfahrzeuge entwickelt.
MINIMAX-Pulverlöschanlagen werden für Feuerwehrfahrzeuge mit einem, zwei oder drei Pulverbehältern für die Aufnahme von je 750 kg Löschpulver geliefert. Als Druckmittel dient Stickstoff, der in jeweils 2 Flaschen mit 50 l Inhalt und 200 atü Aufladedruck je Pulverbehälter bereitgehalten wird. Die Anlagen sind mit Schnellschalt-Ventilen, 2 Schläuchen zu je 30 m und abstellbaren Löschpistolen versehen. Die Bedienung der Anlagen erfolgt zentral von einer Schalttafel aus. Die MINIMAX-Pulverlöschanlagen sind auf das für seine Löschkraft bekannte MINIMAX-Löschpulver NOVOTROXIN abgestimmt.

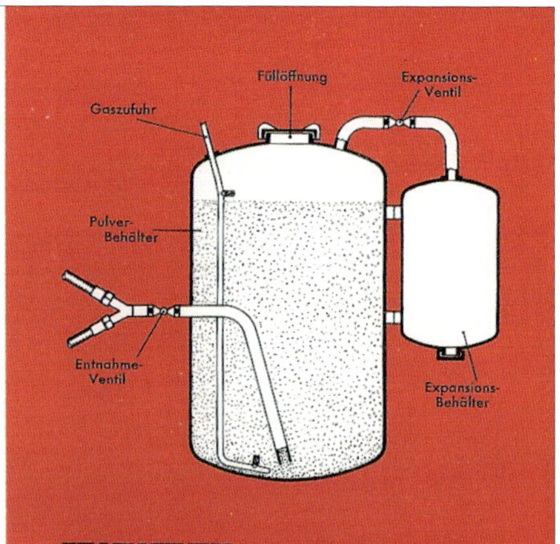

MINIMAX-EXPANSIONSSCHOCK

Außer den hier gezeigten Pulverlöschanlagen für Fahrzeuge werden von uns auch stationäre Pulverlöschanlagen hergestellt zum Schutz von Räumen und Objekten, in denen brennbare Flüssigkeiten gelagert oder verarbeitet werden.

Eigenschaften des Löschpulvers NOVOTROXIN

NOVOTROXIN ist in zahlreichen Fällen bei Bränden von brennbaren Flüssigkeiten im Großeinsatz mit bestem Erfolg eingesetzt worden. NOVOTROXIN (Basis Natriumbicarbonat, zugelassen für Brandklassen B, C, E) behält durch geeignete Kornform, Kornoberfläche, Korngrößen-Spektrum und günstige Hydrophobierung auf lange Zeit die optimale Fließfähigkeit und pneumatische Förderfähigkeit.

Der für MINIMAX geschützte Expansionsschock (DBP 1017473) ist von entscheidender Bedeutung

Trockenlöschpulver muß nicht nur löschwirksam, sondern zugleich uneingeschränkt rieselfähig sein, damit es im Einsatz unbehindert gefördert und einwandfrei verstäubt werden kann. Die Rieselfähigkeit von Löschpulvern, die bereits bei Handfeuerlöschern eine Rolle spielt, gewinnt mit zunehmender Größe der Geräte und mit der Länge der Leitungen an Bedeutung. Das nicht selten durch längere Fahrstrecken in Großgeräten unvermeidlich festgerüttelte Löschpulver wird durch den Expansionsschock aufgelockert und so fließfähig, daß es ohne Bedenken auch über Schlauchlängen von 120 m einwandfrei gefördert werden kann. Selbst größere Höhenunterschiede spielen dabei keine Rolle.
Der Expansionsschock ist also eine wesentliche Voraussetzung für die Funktionssicherheit und stete Einsatzbereitschaft von Groß-Trocken-Löschgeräten. Durch diese bewährte Einrichtung unterscheiden sich die MINIMAX-Pulverlöschanlagen von anderen Konstruktionen.

Wie arbeitet der Expansionsschock?

Grundlage dieser bedeutsamen Entwicklung ist die Erkenntnis, daß eine plötzliche, schockartige Änderung der Druckverhältnisse das Löschpulver auflockert und seine Fließfähigkeiten wieder herstellt.
Wie die Schemazeichnung zeigt, wird diese schockartige Änderung der Druckverhältnisse im Löschpulverbehälter durch einen kleinen Zusatzbehälter erreicht, der neben dem Löschpulverbehälter angebracht ist und in den nach Öffnen eines Ventils plötzlich ein Teil des Druckgases einströmt.
Mit dem „Expansionsschock" werden von der MINIMAX AG die Pulverlöschanlagen für Löschfahrzeuge ab 750 kg Pulverinhalt ausgerüstet.
Wer solche Fahrzeuge beschafft, sollte Wert darauf legen, sich dieses technischen Vorteils zu bedienen.

MINIMAX

Pulverlöschanlagen für Fahrzeuge

URACH/WÜRTT.

Kastenwagen mit MINIMAX Pulverlöschanlage PLA 250 ausgerüstet

Kastenwagen auf VW- oder Ford-Chassis sind als Schnelleinsatz-Fahrzeuge beliebt bei Feuerwehren und Industriebetrieben. Diese Fahrzeuge werden noch wertvoller durch den Einbau einer MINIMAX-Pulverlöschanlage PLA 250 mit 2 Schläuchen und 2 abstellbaren Löschpistolen. Der Ford-Kastenwagen kann zusätzlich mit einer Vorbaupumpe ausgerüstet werden.

Technische Änderungen vorbehalten.

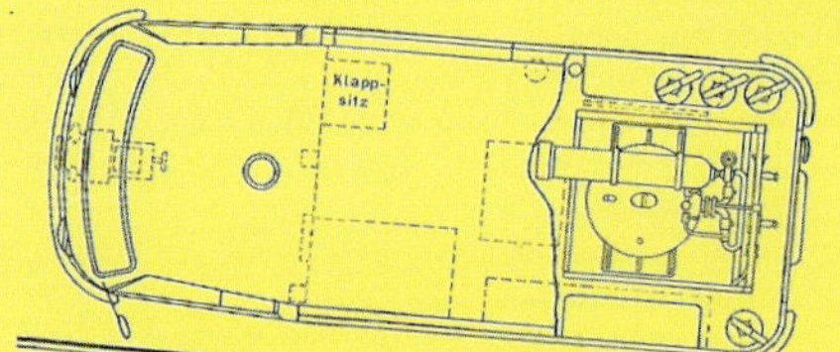

oben: Ford-Kastenwagen

unten: VW-Kastenwagen

Technische Daten
der Pulverlöschanlage PLA 250
Pulverinhalt NOVOTROXIN: 250 kg
2 Schläuche à 20 m
Gewicht einschl.
Löschpulverinhalt: ca. 625 kg
Breite: ca. 950 mm
Höhe: ca. 1110 mm
Tiefe: ca. 1250 mm
Pulverausstoß je Pistole: ca. 2 kg/sek
Spritzweite: ca. 8 – 10 m
Spritzhöhe: ca. 6 – 8 m
Zusatzausrüstung:
1 Fahrb. Pulverlöschgerät P 50
6 Trockenlöscher P 12

Diese Seite: *Die Minimax AG in Urach/Württ. ist eine Spezialfabrik für Pulverlöschanlagen, die sowohl stationär als auch in Fahrzeugen installiert werden konnten. In den fünfziger und sechziger Jahren wurden solche Anlagen überwiegend in den Leistungsgrößen von 250 bis 1500 kg in Feuerwehrfahrzeuge eingebaut. Dieser etwa 1963 erschienene Prospekt informiert über Bau und Wirkungsweise solcher Pulverlöschanlagen.*

Unten: *Obwohl der Opel-Blitz 1,75 t von nahezu allen Feuerwehrausrüstern als Basisfahrgestell verwendet wurde und diese Firmen die Opel-Fahrzeuge auch werblich herausstellten, glaubte Opel wie Borgward und Daimler-Benz auf eigene Werbung nicht verzichten zu können. Hier eine 1953 erschienene Prospektbeilage, die den Opel-Blitz mit Metz-LF-8-Aufbau anbietet.*

Oben: *Mehrere Jahre später war es ein von Magirus aufgebautes gleiches Modell als LF 8-TS mit Vorbaupumpe und Heckbeladung, für das Opel in der Zeitschrift »Brandschutz« warb.*

Links und unten: *Nachfolger des bewährten Blitz 1,75 t war das 1,9-t-Modell, das allerdings nicht an die bisherigen Erfolge anknüpfen konnte. Ein Faltprospekt aus dem Jahre 1962.*

1.9 to OPEL BLITZ-Löschgruppenfahrzeug LF 8-TS

Mit den besten Erfahrungen: Für die Brandbekämpfung bietet, wie die Praxis beweist, das 1.9 to OPEL BLITZ-Löschgruppenfahrzeug vom Typ LF 8-TS die günstigsten Voraussetzungen.
Das nunmehr in Serie hergestellte Fahrzeug ist für ein Gesamtgewicht von 4200 kg freigegeben. Hierfür wird das Fahrgestell mit extra starken Federn ausgestattet. Außerdem ist die Hinterachse mit Gummihohlfedern und Stabilisator versehen. Neben einer Frischluftheizung, einem Rückfahrscheinwerfer und einer Scheibenwaschanlage sind alle Fahrzeuge mit einem vereinheitlichten Anschluß für die Montage von Vorbaupumpen ausgestattet, so daß die feuerwehrtechnische Ausstattung von verschiedenen Spezialfabriken durchgeführt werden kann.
Der nach DIN 14530 und den entsprechenden Baurichtlinien in Leichtbauweise ausgeführte Aufbau besteht aus dem räumlich eine Einheit bildenden Fahrer- und Mannschaftsraum für die Löschgruppe, bestehend aus einem Führer und acht Mann. Daran schließt sich der Geräteraum mit rückwärtigen Ladetüren an. Der Innenausbau des Geräteraumes und die feuerwehrtechnische Bestückung erfolgt durch Spezialfabriken. Der Aufbau ist in seinen Abmessungen so gehalten, daß die feuerwehrtechnische Ausrüstung leicht zugänglich untergebracht ist.

Überzeugend in der Leistung: Mit einer Motorleistung von 70 PS bei 3600 UPM und einer Nennleistung der Pumpe von 800 Litern pro Minute liegt das 1.9 to OPEL BLITZ-Löschgruppenfahrzeug an der Spitze aller Fahrzeuge seiner Art und Klasse! Neben seiner sprichwörtlichen Zuverlässigkeit zeichnet den 2.6 Liter OPEL-Kurzhub-Reihenmotor das Drehmoment vom 17.8 mkg aus, das in dem weiten Drehbereich zwischen 1200 und 2000 UPM konstant bleibt. Das bewirkt die außerordentliche Elastizität dieses Motors. In seiner Nutzleistung (16.7 PS/t) geht er weit über die gesetzlich verlangte Mindestforderung (12 PS/t) hinaus.

Wichtig für den Betrieb: Bequemer Einstieg, direkter Zugang zu allen Plätzen, Werkzeug und Geräte griffbereit . . . leichtes Fahren, einfache Bedienung (Lenkradschaltung, voll- und sperrsynchronisiertes Viergang-getriebe), gute Sicht durch die ungeteilte Breitsicht-Windschutzscheibe bis unmittelbar vor den Wagen – das alles sichert Zeit- und Fahrvorteile.

Technische Einzelheiten

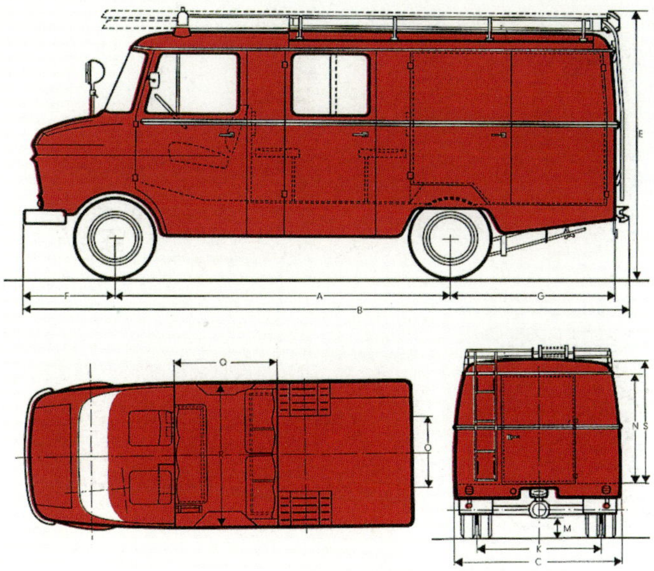

Abmessungen:		
A	Radstand	3000 mm
B	Länge über alles (einschl. Anh.-Kupplung)	5425 mm
C	Breite über alles	2080 mm
E	Höhe über alles, beladen	2380 mm
F	Überhang vorn	830 mm
G	Überhang hinten	1470 mm
H	Spurweite vorn	1680 mm
K	Spurweite hinten	1544 mm
M	Bodenfreiheit	192 mm
N	Rückwärtige Ladetür, Höhe	1330 mm
O	Rückwärtige Ladetür, Breite	900 mm
Q	Mannschaftsraum, Länge	1410 mm
R	Mannschaftsraum, Breite	1950 mm
S	Mannschaftsraum, Höhe in der Mitte	1480 mm

Gewichte:	
Zulässiges Gesamtgewicht	4500 kg
Zulässiger Vorderachsdruck	1380 kg
Zulässiger Hinterachsdruck	3150 kg
Eigengewicht nach Lieferungsumfang Opel	ca. 2120 kg
Leergewicht nach DIN 70020	ca. 2450 kg
Feuerwehrtechnische Ausrüstung nach DIN 14530*	1182.4 kg
8 Mann Besatzung a 90 kg	720 kg
Errechnetes Gesamtgewicht	ca. 4352.4 kg

Reifendruck:	
Vorderachse	3.5 atü
Hinterachse	4.5 atü

* mit Schaumausrüstung

Im Sinne des technischen Fortschritts behalten wir uns vor, in der laufenden Produktion Verbesserungen ohne besondere Ankündigung durchzuführen. Änderungen der Farben und von Einzelheiten der inneren und äußeren Ausstattung vorbehalten.

Die in diesem Prospekt beschriebenen Modelle und Ausstattungen sowie Farben- und Polster-Kombinationen sind teilweise nicht in allen Export-Ländern lieferbar. Sonderausstattung nach der jeweils gültigen Preisliste gegen Mehrpreis. Nachdruck, auch auszugsweise, nur mit Genehmigung der Adam Opel AG.
ADAM OPEL Aktiengesellschaft, Rüsselsheim/Main

OPEL BLITZ

OPEL der Zuverlässige

Löschgruppenfahrzeug LF 8 mit Seitenbeladung

Dieses Spezialfahrzeug in Leichtbauweise wird von Opel nach DIN 14530 und 14502 in Serie gebaut und bietet die Vorteile des bewährten Opel Blitz-Lastwagenkonzeptes: Zuverlässigkeit und Sicherheit.
2.5 Ltr.-6Zylinder-Ottomotor, 80 PS,
Drehmoment 16.5 kpm bei 1400 bis 2400 UPM.
Startschnell zu jedem Einsatz: in 33 Sekunden von 0 auf 80 km/h!

Oben und links: *Im Jahre 1966 gab es bei Opel wiederum einen Modellwechsel. Präsentiert wurde ein gefällig wirkender Kurzhauber mit Sechszylinder-Vergasermotor (80-PS-), Leider vermochte Opel auch mit diesem Modell seine früheren Marktanteile nicht zurückzugewinnen. Dieser 1969 herausgegebene Prospekt vermittelt einen Eindruck von dem Fahrzeug.*

Als Schnellangriffsfahrzeug bringt der VW-Kastenwagen die Voraussetzungen mit, um allen nur denkbaren Einsatzbedingungen im Kampf gegen den „Roten Hahn" gewachsen zu sein. Dabei ist es für ihn gleichgültig, ob er auf unwegsamem oder morastigem Boden seine Geländegängigkeit oder auf ausgebauten Straßen im dichten Verkehrsgewühl seine Beschleunigung und Wendigkeit ausspielen soll. Für ihn gibt es kein „Unmöglich"; er ist als echter Volkswagen immer und in jeder Situation „da". Deshalb wird er von den Feuerwehren für den Schnelleinsatz besonders geschätzt. Der VW-Kastenwagen ist der ideale „Träger" für eine Spezial-Löscheinrichtung, die neue Chancen gibt, der zerstörenden Kraft des Feuers Einhalt zu gebieten.

VW-Kastenwagen mit Trockenlöscher TOTAL PLA 250

Wasser ist nicht in allen Fällen das ideale Löschmittel. Beispielsweise bei der Bekämpfung von brennenden, leicht entflammbaren Flüssigkeiten und Gasen, bei Bränden von elektrischen Anlagen sowie bei Oberflächenbränden fester Körper hat sich das Trockenlöschverfahren als die wirksamste Methode erwiesen.

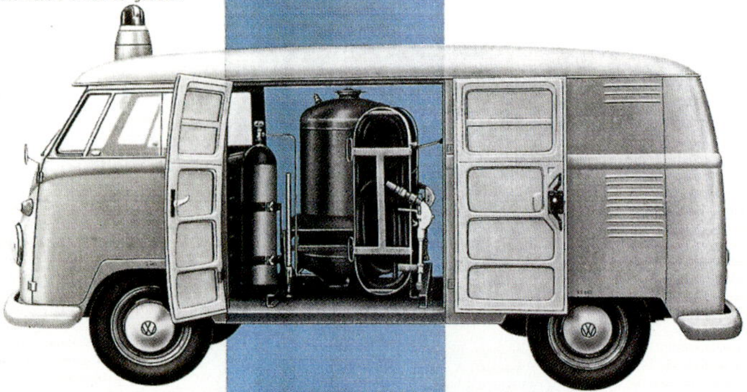

Links und unten: *Das Volkswagenwerk in Wolfsburg errang mit seinem im Volksmund gern als »Bulli« bezeichneten Typ 2 in Deutschland die Marktführerschaft bei den Transportern. Entsprechend groß war auch dessen Verbreitung in der Feuerwehr-TSF-Klasse. In kleinen Stückzahlen wurde der serienmäßige VW-Kastenwagen auch mit einer seiner Tragkraft entsprechenden 250-kg-Pulverlöschanlage bestückt. Die hier gezeigte Anlage stammte von der Firma Total in Ladenburg.*

Leicht und bequem sind die sechs Handfeuerlöscher und das Trockenlöschgerät durch die Hecktür zu erreichen.

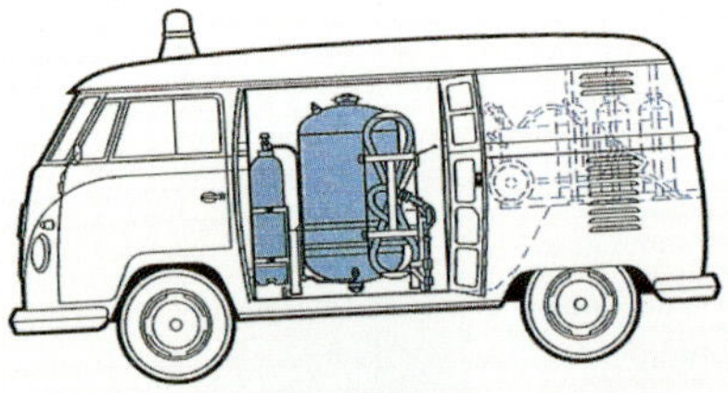

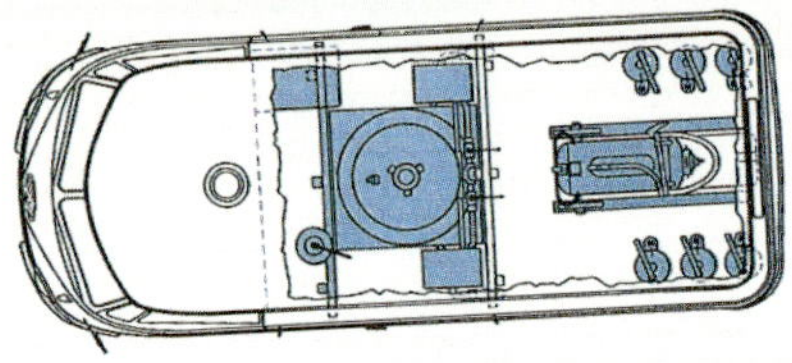

Die beiden „Röntgendarstellungen" geben eine gute Übersicht über den Einbau der Trockenlöschanlage und die räumliche Ausnutzung des VW-Kastenwagens. Oben: Im bestgefederten Raum steht die Löschanlage mit Schlauchmaterial und Löschpistole; links die Treibgasflasche. – Unten: Die Draufsicht zeigt neben der ausfahrbaren Trockenlöschanlage, der Treibgasflasche und dem Klappsitz (im vorderen Teil des VW-Kastenwagens) das fahrbare Trockenlöschgerät mit je drei Handfeuerlöschern zu beiden Seiten (in der Mitte des Hecks).

Maße und Gewichte

Länge über alles	4280 mm
Breite über alles	1750 mm
Höhe über alles	1940 mm
Nutzlast bei Feuerwehreinsatz	895 kg

Gewichtstoleranz des Einbaues bis zu ± 5 % möglich

Technische Einzelheiten:

1. Die TOTAL-Trockenlöschanlage PSA 250 (250 kg Trockenlöschmittel) ist in den VW-Kastenwagen mit Doppelflügeltüren auf beiden Seiten fest eingebaut.
2. Die Löscheinrichtung ist so angeordnet, daß insgesamt 4 Mann mitfahren können.
3. Das Schlauchmaterial – 2 x 25 m mit angeschlossenen, abstellbaren Löschpistolen – ermöglicht eine besonders bewegliche Brandbekämpfung.
4. Das verwendete Trockenlöschmittel TOTAL SUPER wird durch die Löschpistole in großflächiger, löschkräftiger Wolke ausgestoßen.
5. Stickstoff, in einer 20-Liter-Druckgasflasche mit 150 atü Fülldruck gespeichert, dient als Treibmittel.
6. Der Einsatz der Trockenlöschanlage ist denkbar einfach:
   - Die Druckgasflasche wird geöffnet – gegebenenfalls schon während der Fahrt – und dadurch der Löschmittelbehälter auf den erforderlichen Betriebsdruck gebracht.
   - Danach werden die Pulverhähne geöffnet und die Schläuche ausgelegt.
   - Etwa 8 bis 10 Sekunden nach dem Öffnen der Druckgasflasche kann das Trockenlöschmittel aus der Löschpistole in ununterbrochener Folge oder schußweise (was wesentlich sparsamer im Verbrauch ist) gegen den Brandherd geschleudert werden.
7. Zum Überprüfen oder Nachfüllen wird die Löschanlage auf der linken Fahrzeugseite herausgezogen, dort abgestützt und arretiert, so daß sie von allen Seiten bequem zugänglich ist.
8. Im Heck des VW-Kastenwagens sind noch ein fahrbares TOTAL-Trockenlöschgerät P 50 und sechs TOTAL-Handfeuerlöscher der Standardgröße (12 kg) untergebracht. Durch die Hecktür sind diese beweglichen Löschgeräte, die allein oder zur Unterstützung der Löschanlage eingesetzt werden können, leicht den Halterungen zu entnehmen.

VOLKSWAGENWERK AG WOLFSBURG

152 648 Printed in Germany · Änderungen vorbehalten

Links: *Die 1891 gegründete Schlauch- und Feuerlöschgerätefabrik Albert Ziegler in Giengen stieg erst etwa ab 1953 in den Bau von motorgetriebenen Feuerwehrfahrzeugen ein. Gern bediente man sich des Opel-Blitz 1,75 t, wie dieses Inserat aus dem Jahre 1956 beweist.*

Links: *»Wird 1962 ein Katastrophenjahr?« fragt die Firma Albert Ziegler in dieser im Heft 3/1962 der Zeitschrift «Brandwacht» erschienenen Anzeige. Damals hatte sich Ziegler in der Fertigung schon auf das Gebiet größerer Fahrzeuge begeben, wie die Abbildung dieses TLF 16 auf Basis des Mercedes-Benz-Kurzhaubers beweist. Heute gehört das Unternehmen als Feuerwehrausrüster zu den Marktführern und ist in der Lage, selbst größte Lösch- und Spezialfeuerwehrfahrzeuge zu erstellen.*

Ziegler

Ziegler-Tragkraftspritzenfahrzeug TSF Ford Transit FT 130

nach DIN 14502 und DIN 14530, Blatt 16 zur Aufnahme einer Staffelbesatzung (1 + 5) und der feuerwehrtechnischen Beladung

Kastenwagen Ford Transit FT 130
V 4 Motor, 1,7 Liter, 65 PS

Zulässiges Gesamtgewicht	3000 kg
Radstand	2997 mm
Gesamtlänge	5175 mm
Gesamtbreite	2060 mm
Gesamthöhe (unbeladen)	2400 mm
Gesamthöhe (beladen)	2370 mm

Ziegler-Einbauausstattung für Mannschaft, Tragkraftspritze und feuerwehrtechnische Beladung.

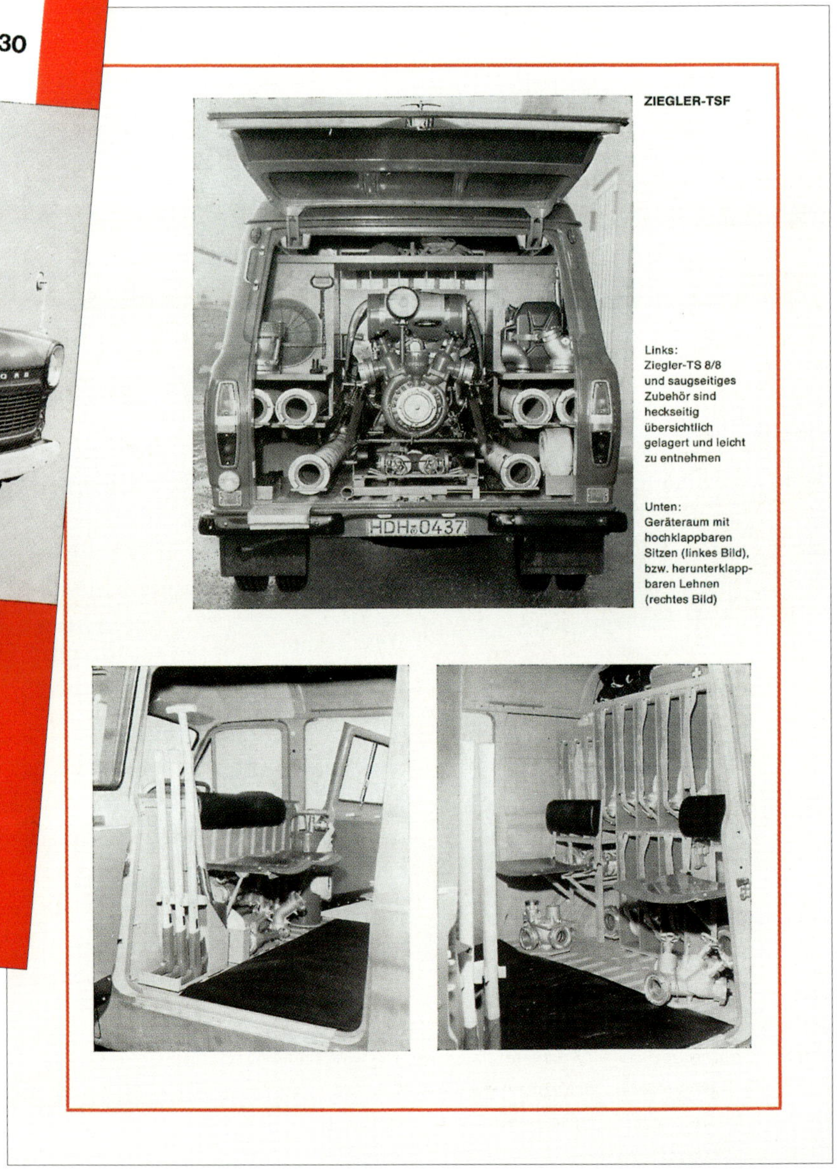

ZIEGLER-TSF

Links:
Ziegler-TS 8/8 und saugseitiges Zubehör sind heckseitig übersichtlich gelagert und leicht zu entnehmen

Unten:
Geräteraum mit hochklappbaren Sitzen (linkes Bild), bzw. herunterklappbaren Lehnen (rechtes Bild)

Oben und rechts: *Wegen seiner hohen Tragkraft gelangte der Ford Transit FT 130 bei den Feuerwehren als Tragkraftspritzenfahrzeug zu erheblicher Bedeutung. Hier ein von Ziegler erstelltes Modell in einem 1971 erschienenen Prospekt.*

Unten: *Auf diesem der Prospektmappe entnommenen Blatt sind unterschiedliche Feuerwehrfahrzeuge vor der Leipziger Hauptfeuerwache aufgereiht.*

Oben: *In der DDR spielte der VEB Feuerlöschgerätewerk Luckenwalde (die frühere Firma Koebe) als Hersteller von Feuerwehraufbauten und deren Ausrüstungen eine dominierende Rolle. Diese aufwendig gestaltete Prospektmappe präsentiert die Feuerlösch- und Rettungsfahrzeuge der Luckenwalder.*

LÖSCHFAHRZEUG LF 8

Fahrgestell

IFA-PHÄNOMEN-Schnellastwagen-Fahrgestell „GRANIT 27". mit verlängertem Radstand. 4-Zylinder-Viertakt-Otto-Motor mit einer Leistung von ca. 50 PS bei 2800 U/min mit BVF-Fallstromvergaser.

Die elektrische Anlage wird durch einen 12 Volt Sammler 62,5 Ah gespeist. Das Getriebe sieht vier Vorwärtsgänge und einen Rückwärtsgang vor. Die Bremsvorrichtung besteht aus einer hydraulischen Vierradfußbremse und einer Handbremse, die mechanisch auf die Hinterräder wirkt.

Bereifung: 6-20 eHD oder 6,50-20 eHD siebenfach.

Der Kraftstoffbehälter faßt 72 l.

Der Verbrauch beträgt etwa 18 l auf 100 km.

Die Höchstgeschwindigkeit des Fahrzeuges liegt bei etwa 86 km/h

Aufbau

Fahrerraum geschlossen, mit 2 Sitzplätzen; Fahrersitz und Rückenlehne gepolstert.

Mannschaftsraum mit 7 Sitzplätzen; Mannschaftssitze als Gerätekästen ausgebaut mit nach oben klappbaren Sitzbrettern.

In den Laderäumen Halterungen für die feuerwehrtechnische Ausrüstung. Im hinteren Teil des Aufbaues ein Laderaum zur Unterbringung einer Tragkraftspritze.

Am Fahrzeugende eine Anhängevorrichtung zur Mitnahme eines Tragkraftspritzenanhängers.

Auf dem Dach stabiles Leiterngerüst zur Aufnahme einer vierteiligen Steckleiter, Krankentrage, Einreißhaken usw., Dachgeländer zur Beförderung nasser Schläuche.

Ausstattung

Scheibenwischer, Pendelwinker, Rückblickspiegel, Kennlichtscheinwerfer, elektrisches Signalhorn, Arbeitsscheinwerfer mit verstellbarer Stütze.

Lackierung

Aufbau, Motorhaube und Kühlerverkleidung feuerwehrrot; Fahrgestellrahmen, Räder und Kotflügel schwarz; Innenanstrich des Laderaumes hellgrau.

Schlauchfächer, Fahrer- und Mannschaftsraum naturlasiert.

Feuerwehrtechnische Ausrüstung lt. Beladeplan.

Technische Daten (ohne Ausrüstung)

Länge	etwa 5700 mm
Breite	etwa 1900 mm
Höhe	etwa 2500 mm
Nettogewicht	etwa 2750 kg
Bruttogewicht Seetransport	etwa 3650 kg
Kubikmaß	etwa 28 m³

Diese Seite: *Zu den ersten nach Kriegsende in der DDR gefertigten Feuerwehrfahrzeugen gehörte der auf der Basis des bereits während des Krieges gefertigte Typ Phänomen-Granit 27, ein leichter Lastkraftwagen für 2 t Nutzlast. Wie dieser mehrsprachige Prospekt der »Deutschen Innen- und Außenhandelsorganisation« verdeutlicht, versuchte die DDR auf dem devisenbringenden Exportsektor tätig zu werden.*

KFZ-WERK E. GRUBE WERDAU

Feuerlöschfahrzeuge Typ S 4000-1

VEB KRAFTFAHRZEUGWERK »ERNST GRUBE«

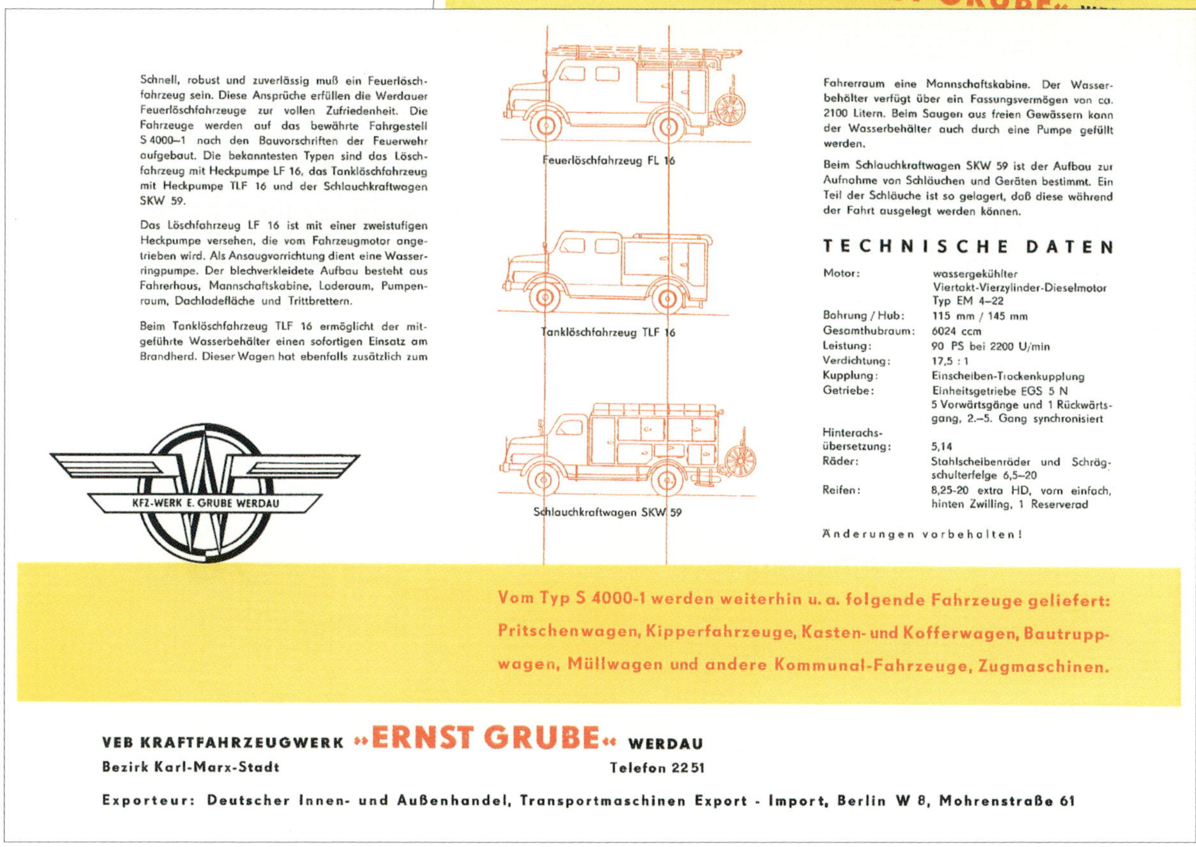

Schnell, robust und zuverlässig muß ein Feuerlöschfahrzeug sein. Diese Ansprüche erfüllen die Werdauer Feuerlöschfahrzeuge zur vollen Zufriedenheit. Die Fahrzeuge werden auf das bewährte Fahrgestell S 4000–1 nach den Bauvorschriften der Feuerwehr aufgebaut. Die bekanntesten Typen sind das Löschfahrzeug mit Heckpumpe LF 16, das Tanklöschfahrzeug mit Heckpumpe TLF 16 und der Schlauchkraftwagen SKW 59.

Das Löschfahrzeug LF 16 ist mit einer zweistufigen Heckpumpe versehen, die vom Fahrzeugmotor angetrieben wird. Als Ansaugvorrichtung dient eine Wasserringpumpe. Der blechverkleidete Aufbau besteht aus Fahrerhaus, Mannschaftskabine, Laderaum, Pumpenraum, Dachladefläche und Trittbrettern.

Beim Tanklöschfahrzeug TLF 16 ermöglicht der mitgeführte Wasserbehälter einen sofortigen Einsatz am Brandherd. Dieser Wagen hat ebenfalls zusätzlich zum Fahrerraum eine Mannschaftskabine. Der Wasserbehälter verfügt über ein Fassungsvermögen von ca. 2100 Litern. Beim Saugen aus freien Gewässern kann der Wasserbehälter auch durch eine Pumpe gefüllt werden.

Beim Schlauchkraftwagen SKW 59 ist der Aufbau zur Aufnahme von Schläuchen und Geräten bestimmt. Ein Teil der Schläuche ist so gelagert, daß diese während der Fahrt ausgelegt werden können.

Feuerlöschfahrzeug FL 16

Tanklöschfahrzeug TLF 16

Schlauchkraftwagen SKW 59

TECHNISCHE DATEN

Motor:	wassergekühlter Viertakt-Vierzylinder-Dieselmotor Typ EM 4–22
Bohrung / Hub:	115 mm / 145 mm
Gesamthubraum:	6024 ccm
Leistung:	90 PS bei 2200 U/min
Verdichtung:	17,5 : 1
Kupplung:	Einscheiben-Trockenkupplung
Getriebe:	Einheitsgetriebe EGS 5 N 5 Vorwärtsgänge und 1 Rückwärtsgang, 2.–5. Gang synchronisiert
Hinterachsübersetzung:	5,14
Räder:	Stahlscheibenräder und Schrägschulterfelge 6,5–20
Reifen:	8,25-20 extra HD, vorn einfach, hinten Zwilling, 1 Reserverad

Änderungen vorbehalten!

KFZ-WERK E. GRUBE WERDAU

Vom Typ S 4000-1 werden weiterhin u. a. folgende Fahrzeuge geliefert: Pritschenwagen, Kipperfahrzeuge, Kasten- und Kofferwagen, Bautruppwagen, Müllwagen und andere Kommunal-Fahrzeuge, Zugmaschinen.

VEB KRAFTFAHRZEUGWERK »ERNST GRUBE« WERDAU
Bezirk Karl-Marx-Stadt Telefon 2251

Exporteur: Deutscher Innen- und Außenhandel, Transportmaschinen Export - Import, Berlin W 8, Mohrenstraße 61

Oben und links:
Vom Fahrgestellhersteller VEB Kraftfahrzeugwerk Ernst Grube, Werdau, stammt diese Werbung für Feuerlöschfahrzeuge des Typs S 4000-1. Exportmöglichkeiten erhoffte man sich durch den Deutschen Innen- und Außenhandel in Berlin.

Links und unten: *Nicht vor 1963 war der VEB Feuerlöschgerätewerk Luckenwalde in der Lage, mit einer eigenständige, hydraulischen Drehleiterkonstruktion aufzuwarten, der DL 25 auf S 4000-1-Fahrgestell,. Bis dahin hatte das technische Knowhow gefehlt, denn sämtliche Fabrikationsstätten für Drehleitern befanden sich vor 1945 in den westlichen Teilen des Deutschen Reiches. Hier ein kurze Zeit später veröffentlichter Prospekt des Herstellers.*

Die Pritsche ruht auf einem Stahl-Unterbau, der mit dem Fahrgestell fest verschraubt ist. Die Befestigungsschrauben sind von Zeit zu Zeit auf festen Sitz zu kontrollieren und evtl. nachzuziehen.

Die vorderen Teile der Seitenwände lassen sich in bekannter Weise abklappen. Hinter den Klappen werden die Rollschlauchfächer sichtbar. Die hinteren Teile der Seitenwände stehen fest.

Die hintere Klappe kann von der aufgesessenen Mannschaft mittels federnder Ketten geschlossen und geöffnet werden. Die Klappenhaken werden durch Sicherung gesichert. Die große Aussparung in der Klappe ermöglicht, daß das Öffnen auch dann geschehen kann, wenn das Zugfahrzeug und der Anhänger nicht in gerader Richtung stehen.

Die Plane ist fest und winddicht angebracht. Muß sie aus irgendeinem Grunde gelöst werden, dann links und rechts Regenleisten abschrauben, desgl. vorn an der Stirnwand.

Innen an der Stirnwand sind der Planüberfall und die Innenschnallen an den Spriegelleisten zu lösen. Die Seiten- und Stirnfenster lassen sich auswechseln. Bei ungünstiger Witterung und längeren Fahrten läßt sich die Plane hinten von der aufgesessenen Mannschaft schließen und öffnen. Dazu: Links und rechts Knopfriemen lösen, Planteile von beiden Seiten zuziehen, Knopfstrippen an Klappe anknöpfen und am Stoß Karabinerhaken einhaken. Die Klappenöffnung selbst läßt sich durch einen Schieber verschließen: Schieber ist an der Schlauchfächerwand eingehaltert.

BEACHTEN

Damit die

teile unten

TS 8 ENTNEHMEN

Anhänger abkuppeln (dabei auf Kabel achten). Gestell ausklappen, TS 8 entriegeln, vorziehen (siehe Bild 3), abnehmen. Der hinter der TS 8 stehende Kasten mit Geräten läßt sich dann vorziehen.

LÖSCHFAHRZEUG

LF-LKW-TS 8 MIT SCHLAUCHTRANSPORTANHÄNGER – STA/ST –

AUF ALLRAD-FRONTLENKER-FAHRGESTELL LO 1800

Das LF-LKW-TS 8 ist auf einem Robur-Allrad-Fahrgestell aufgebaut. Es ist für die Freiwillige Feuerwehr bestimmt. Das Fahrzeug bietet nicht nur die Möglichkeit eines guten Einsatzes bei der Brandbekämpfung (gute Ausrüstung, 675 m Druckschlauch, Befahren schlechter Wege usw.), sondern auch bei Katastrophenfällen. Zugfahrzeug und Schlauchtransportanhänger sind mit wenigen Handgriffen für Materialtransporte umzuwandeln.

Für die Pflege des Fahrzeuges ist die mitgegebene Bedienungsanweisung des Kraftfahrzeugwerkes maßgebend.

VEB FEUERLÖSCHGERÄTEWERK GÖRLITZ

Diese Seite: *Bei der Versorgung der DDR-Feuerwehren mit Löschfahrzeugen und Geräten spielte auch der VEB Feuerlöschgerätewerk Görlitz (das war die frühere Firma Fischer) eine wichtige Rolle. Von 1961 bis 1968 wurde hier das Löschfahrzeug LF-Lkw-TS 8 mit Schlauchtransportanhänger STA/ST auf dem Frontlenker-Chassis des Robur LO 1800 A mit seinem fischmaulartigen Kühlerlüftungsgitter angefertigt. Dieses für freiwillige Feuerwehren bestimmte Nachfolgemodell des Garant 30 K bewährte sich sehr und wurde in großen Stückzahlen beschafft.*

Mit Blaulicht und Sirene

Halwart Schrader
Typenkompass Magirus-Deutz
Feuerwehr-Eckhauber 1958–1971
Die Konstrukteure aus Ulm formten in den 50ern und 60ern aus schnödem Blech feuerrote Legenden und prägten auf Jahrzehnte das Bild der deutschen Feuerwehren.

128 Seiten, 110 Bilder
Bestell-Nr. 02107 **DM 19,80**

Frank Schwede
Deutsche Polizeifahrzeuge
1945 bis heute
In dieser Sammlung stellt Frank Schwede die wichtigsten Autos, Motorräder, Wasserfahrzeuge und Hubschrauber der deutschen Länderpolizeien nach dem Krieg vor.

320 Seiten, 445 Bilder, davon 246 in Farbe
Bestell-Nr. 02080 **DM 78,–**

Hartmut Holder
Achtung die Wache
Brandmeister Holder blättert in Einsatztagebüchern und zeichnet ein realistisches Bild von der Arbeit der Wehren.

180 Seiten, 42 Farbbilder
Bestell-Nr. 01501 **DM 49,–**

Udo Paulitz, **Feuerwehr-Klassiker: Drehleitern und Löschfahrzeuge**
Eine Neuauflage zu einem brandheißen Preis: Zwei der populären Bände aus der nicht mehr lieferbaren Reihe »Feuerwehr-Klassiker« in dieser Spezialausgabe. Vorgestellt werden zum Einen die Drehleiter-Fahrzeuge (DL) von Metz, zum Anderen rücken die Löschgruppen-Fahrzeugen (LF) von Mercedes-Benz noch einmal aus.

292 Seiten, 276 Bilder, davon 70 in Farbe
Bestell-Nr. 02118 **DM 39,80**

Detlef Nase
Feuerwehr- und Rettungsfahrzeuge der DDR 1945–1989
Feuerwehren und Rettungsdienste hatten in der DDR einen ansehnlichen Fuhrpark. In andererern Ländern des Ostblocks besaßen die VEB-Nutzfahrzeuge einen guten Ruf. Dieser Band stellt die wichtigsten Modelle in attraktiven Prospekten und Katalogen vor.

96 Seiten, 156 Bilder, davon 10 in Farbe
Bestell-Nr. 87177
DM 19,80

IHRE VERLAGE FÜR AUTO-BÜCHER
Postfach 10 37 43 · 70032 Stuttgart
Telefon (0711) 2108065 · Telefax (0711) 2108070
Motor buch Verlag
Schrader Verlag